KEJI
TANSUO
DIYI
SHIYE

TANWEIGUANZHI DE
HUAXUEXIANXIANG

王建 编著

最新鲜的百科知识
最酷炫的探秘信息

叹为观止的化学现象

ZUI XINXIAN DE BAIKE ZHISHI
ZUI KUXUAN DE TANMI XINXI
QIANSUOWEIYOU DE XIANGXIANGLI JIFA FANGSHI

中国出版集团
现代出版社

图书在版编目（CIP）数据

叹为观止的化学现象 / 王建编著 . — 北京：现代出版社，2012. 9（2024.1）
（科技探索 · 第一视野）
ISBN 978 - 7 - 5143 - 0694 - 1

Ⅰ. ①叹… Ⅱ. ①王… Ⅲ. ①化学 - 青年读物②化学 - 少年读物 Ⅳ. ①O6 - 49

中国版本图书馆 CIP 数据核字（2012）第 170136 号

叹为观止的化学现象

编　　著	王　建
责任编辑	杨立忠
出版发行	现代出版社
地　　址	北京市安定门外安华里 504 号
邮政编码	100011
电　　话	010 - 64267325　010 - 64245264（兼传真）
网　　址	www. 1980xd. com
电子信箱	xiandai@ vip. sina. com
印　　刷	三河市人民印务有限公司
开　　本	710mm × 1000mm　1/16
印　　张	14. 5
版　　次	2012 年 10 月第 1 版　2024 年 1 月第 9 次印刷
书　　号	ISBN 978 - 7 - 5143 - 0694 - 1
定　　价	59. 80 元

前言 PREFACE

叹为观止的化学现象

化学是一门研究物质的性质、组成、结构、变化，以及物质间相互作用关系的科学。化学研究的对象涉及物质之间的相互关系，或物质和能量之间的关联。传统的化学常常都是关于两种物质接触、变化，即化学反应，又或者是一种物质变成另一种物质的过程。不过有时化学不一定有关于物质之间的反应。例如，光谱学研究物质与光之间的关系，而这些关系并不涉及化学反应。

“化学”一词，若单是从字面解释就是“变化的科学”。化学是一门以实验为基础的自然科学。化学对我们认识和利用物质具有重要的作用，宇宙是由物质组成的，化学则是人类用以认识和改造物质世界的主要方法和手段之一，它是一门历史悠久而又富有活力的学科，它与人类进步和社会发展的关系非常密切，它的成就是社会文明的重要标志。化学亦经常被称之为“中心科学”，因为其连接物理概念及其他科学，如生物学。当代的化学已发展出许多不同的分支。中学课程中的化学，化学家称之为普通化学。普通化学是化学的导论。普通化学课程提供初学者入门简单的概念，相较于专业化学领域而言，并不甚深入和精确，但普通化学提供化学家直观、图像化的思维方式。即使是专业化学家，仍用这些简单概念来解释和思考一些复杂的知识。

从开始用火的原始社会，到使用各种人造物质的现代社会，人类都在享用化学成果。人类的生活水平能够不断地提高，化学功不可没。最早的化学研究要算是人类对火的研究。早期的人类使用火烤熟食物，使用火进行其他生产活动。如果没有火，人类不会发明铁和玻璃的制造方法。后来为了追求长生不老，又有了炼丹术。2000 年前，人类已广泛使用金、银、汞、铜、铁和青铜。当时的人类文明，对于陶瓷、染色、酿造、造纸、火药等在工艺方面已有一定成就，在技术经验上，对物质变化的理解已有一定观察和文献累积。

早期化学家收集了很多不同物质的资料。在 17 世纪以前，化学成就并不大。直到 1773 年，法国化学家拉瓦锡提出了质量守恒定律，并以氧化还原反应解释燃烧现象，推翻了盛行于中世纪的燃素说，才开启了现代化学之路。拉瓦锡因此被尊崇为“化学之父”。接着道尔顿整合当时的化学知识并以自身的实验所得提出了划时代的原子说，此后，一些化学家相继发现了各种化学元素，后来门捷列夫建立了元素周期表，揭示了化学元素之间的内在联系，成为化学发展史上的重要里程碑之一。1901 年，化学家诺贝尔以其遗产成立了诺贝尔奖表彰对科学，对人类有贡献者。

20 世纪以来，化学发展的趋势可以归纳为：由宏观向微观、由定性向定量、由稳定态向亚稳定态发展，由经验逐渐上升到理论，再用于指导设计和开创新的研究。一方面，为生产和技术部门提供尽可能多的新物质、新材料；另一方面，在与其他自然科学相互渗透的进程中不断产生新学科，并向探索生命科学和宇宙起源的方向发展。

本书从气体、晶体、金属、化学元素、化学材料、化学应用以及化学武器等方面向读者介绍了发生在化学世界中令人叹为观止的各种化学现象。阅读本书，可使读者对化学产生兴趣，从而有动力学好化学，并将其应用于自己的生活和工作当中。

目录 叹为观止的化学现象

CONTENTS

TANWEI GUANZHI DE HUAXUE XIANXIANG

气体的奥秘

水——生命之源

地球的宝藏

化学元素的奥秘

化学应用揭秘

化学武器揭秘

叹为观止的化学现象

气体的奥秘

TANWEI GUANZHI DE
HUAXUE XIANXIANG

气体是物质的一个态。气体与液体一样是流体：它可以流动，可变形。与液体不同的是气体可以被压缩。假如没有限制（容器或力场）的话，气体可以扩散，其体积不受限制。气态物质的原子或分子相互之间可以自由运动。气态物质的原子或分子的动能比较高。气体形态可受其体积、温度和其压强所影响。这几项要素构成了多项气体定律，而三者之间又可以互相影响。本章先大致介绍了一般空气的特点，接着详细介绍了一些和人类生活密切相关的气体，如二氧化碳、臭氧、氢气和氨气等，充分展示了它们的神奇和有趣的特点。

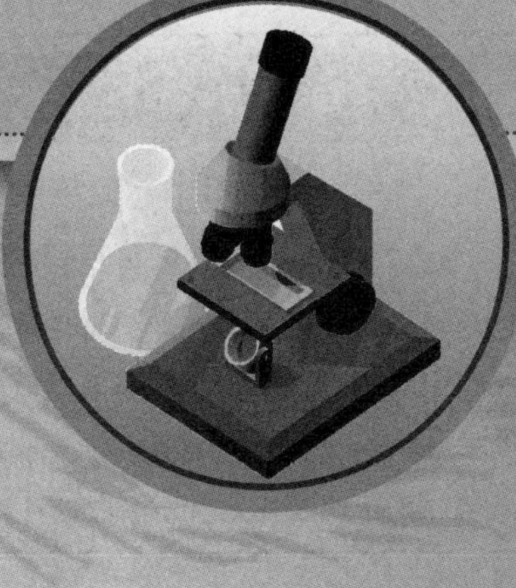

可以“分割”的空气

空气是地球上的动植物生存的必要条件，动物呼吸、植物光合作用都离不开空气。大气层可以使地球上的温度保持相对稳定，如果没有大气层，白天温度会很高，而夜间温度会很低。大气层可以吸收来自太阳的紫外线，保护地球上的生物免受伤害。大气层可以阻止来自太空的高能粒子过多地进入地球，阻止陨石撞击地球，因为陨石与大气摩擦时既可以减速又可以燃烧。风、云、雨、雪的形成都离不开大气，音的传播要利用空气。降落伞、减速伞和飞机也都利用了空气的作用力。一些机器要利用压缩空气进行工作等等。

空气是人们赖以生存的必要因素。可是，空气是什么？它是由什么组成的呢？

在远古时代，空气曾被人们认为是简单的物质，直到 1669 年梅猷根据蜡烛燃烧的实验，推断空气的组成是复杂的。德国的史达尔约在 1700 年提出了一个普遍的化学理论，就是“燃素学说”。他认为有一种看不见的所谓的燃素，存在于可燃物质内。例如蜡烛燃烧，燃烧时燃素逸去，蜡烛缩小下塌而化为灰烬。他认为，燃烧失去燃素现象，即：蜡烛 - 燃素 = 灰烬。然而燃素学说终究不能解释自然界变化中的一些现象，它存在着严重的矛盾。第一是没有人见过“燃素”的存在；第二金属燃烧后质量增加，那么“燃素”就必然有负的质量，这是不可思议的。

知识小链接

燃　烧

燃烧一般性化学定义：燃烧是可燃物跟助燃物（氧化剂）发生的剧烈的一种发光、发热的氧化反应。燃烧的广义定义：燃烧是指任何发光、发热的剧烈的反应，不一定要有氧气参加，比如金属钠（Na）和氯气（Cl_2）反应生成氯化钠（NaCl），该反应没有氧气参加，但是是剧烈的发光、发热的化学反应，同样属于燃烧范畴。同时，燃烧也不一定是化学反应，比如核燃料燃烧。

空　气

1771 年，在瑞典的一个药房里，药剂师卡尔·杜勒做了一个有趣的实验。他从水里夹出了块橡皮似的黄磷，扔进一个空瓶子。黄磷是个脾气暴躁的家伙，它凭空也会“发火”——在空气中会自燃。杜勒把黄磷扔进空瓶子之后，立即用玻璃片盖上瓶口，黄磷燃烧起来了，射出白得眩目的光芒，瓶里弥漫着白色的浓烟。因为杜勒把瓶子盖死了，所以，黄磷虽然在一开始烧得挺猛烈，但是没一会儿就熄灭了。当杜勒把瓶子倒放到水里，移开玻璃时，水就会自动跑上来，而且总是跑进约五分之一的地方。杜勒感到很奇怪，他想：瓶里剩下来的气体是什么呢？当他再把黄磷放进时，黄磷不再“发火”啦。他小心翼翼地把一只小老鼠放进瓶子里，只见它拼命地挣扎，不一会儿就死掉了。这件事引起了法国化学家拉瓦锡的注意。1774 年拉瓦锡提出燃烧的氧化学说，否定了燃素学说。拉瓦锡在进行铅、汞等金属的燃烧实验过程中，把少量汞放在密闭容器中加热 12 天，发现部分汞变成红色粉末，同时，空气体积减少了五分之一左右。通过对剩余气体的研究，他发现这部分气体不能供给呼吸，也不助燃，他误认为这全部是氮气。

拉瓦锡又把加热生成的红色粉末收集起来，放在另一个较小的容器中再加热，得到汞和氧气，且氧气体积恰好等于密闭容器中减少的空气体积。他把得到的氧气导入前一个容器，所得气体和空气性质完全相同。

通过实验，拉瓦锡得出了空气为氧气和氮气组成，氧气占其中的五分之一。他把剩下的五分之四气体叫做氮气。氧气能助燃，氮气不能助燃。19 世纪前，人们认为空气中仅有氮气与氧气。后来陆续发现了一些稀有气体。目前，人们已能精确测量空气成分。根据测定，证明干燥空气中（按体积比例计算）：氧气约占21%，氮气约占 78%，惰性气体约占 0.94%，二氧化碳约占 0.03%，其他杂质约占 0.03%。因此构成地球周围大气的气体空气无色、无味，主要成分是氮气和氧气，还有极少量的氡、氦、氖、氩、氪、氙等稀有气体和水蒸气、二氧化碳和尘埃等的混合物。

空气的成分以氮气、氧气为主，是长期以来自然界里各种变化所造成的。在原始的绿色植物出现以前，原始大气是以一氧化碳、二氧化碳、甲烷和氨为主的。在绿色植物出现以后，植物在光合作用中放出的游离氧，使原始大气里的一氧化碳氧化成为二氧化碳，甲烷氧化成为水蒸气和二氧化碳，氨氧化成为水蒸气和氮气。以后，由于植物的光合作用持续地进行，空气里的二氧化碳在植物发生光合作用的过程中被吸收了大部分，并使空气里的氧气越来越多，终于形成了以氮气和氧气为主的现代空气。

空气是混合物，它的成分是很复杂的。空气的恒定成分是氮气、氧气以及稀有气体，这些成分所以几乎不变，主要是自然界各种变化相互补偿的结果。空气的可变成分是二氧化碳和水蒸气。空气的不定成分完全因地区而异。例如，在工厂区附近的空气里就会因生产项目的不同，而分别含有氨气、酸蒸气等。另外，空气里还含有极微量的氢、臭氧、氮的氧化物、甲烷等气体。灰尘是空气里或多或少的悬浮杂质。总的来说，空气的成分一般是比较固定的。

拓展阅读

二氧化碳

二氧化碳是空气中常见的化合物，其分子式为 CO_2，由两个氧原子与一个碳原子通过共价键连接而成，它在常温下是一种无色无味气体，密度比空气略大，能溶于水，并生成碳酸。固态二氧化碳俗称干冰。二氧化碳被认为是造成温室效应的主要来源。

◎分层的空气

空气包裹在地球的外面，厚度达到数千千米。这一层厚厚的空气被称为大气层。按照空气的组成及性质，人们把大气层分为几个不同的层，从下到上有对流层、平流层（同温层）、热层、电离层、外层5层。我们生活在最下面的一层（即对流层）中。在同温层，空气要稀薄得多，这里有一种叫做“臭氧”的气体，它可以吸收太阳光中有害的紫外线。热层的上面是电离层，这里有一层被称为离子的带电微粒。电离层的作用非常重要，它可以将无线电波反射到世界各地。若不考虑水蒸气、二氧化碳和各种碳氢化合物，则地面至 100 千米高度的空气平均组成保持恒定值。100 千米以上 25 千米高空臭氧的含量有所增加。在更高的高空，空气的组成随高度而变，且明显地同每天的时间及太阳活动有关。

◎“沉重”的空气

空气看不见，摸不着，但并非没有重量。由于空气存在重量，大气层中的空气始终给我们以压力，这种压力被称为大气压，我们人体每平方厘米上大约要承受 1 千克的重量。因为我们体内也有空气，这种压力体内外相等，所以，大气的压力才不会将我们压垮。

地球的“棉被”——大气中的二氧化碳

二氧化碳在常温常压下为无色、无味气体。

17 世纪初，比利时化学家范·海尔蒙特在检测木炭燃烧和发酵过程的副产气时，发现二氧化碳。1773 年，拉瓦锡把碳放在氧气中加热，得到被他称为“碳酸”的二氧化碳气体，测出质量组成为碳 23.5% ~28.9%，氧 71.1% ~76.5%。1823 年，迈克尔·法拉第发现，加压可以使二氧化碳气体液化。1835 年，M. Thilorier 制得固态二氧化碳（干冰）。1884 年，在德国建成第一家生产液态二氧化碳的工厂。

在自然界中二氧化碳含量丰富，为大气组成的一部分。二氧化碳也包含在某些天然气或油田伴生气中以及碳酸盐形成的矿石中。大气里含二氧化碳为 0.03% ~0.04%（体积比），总量约 2.75×10^{12} 吨，主要由含碳物质燃烧和动物的新陈代谢产生。在国民经济各部门，二氧化碳有着十分广泛的用途。二氧化碳产品主要是从合

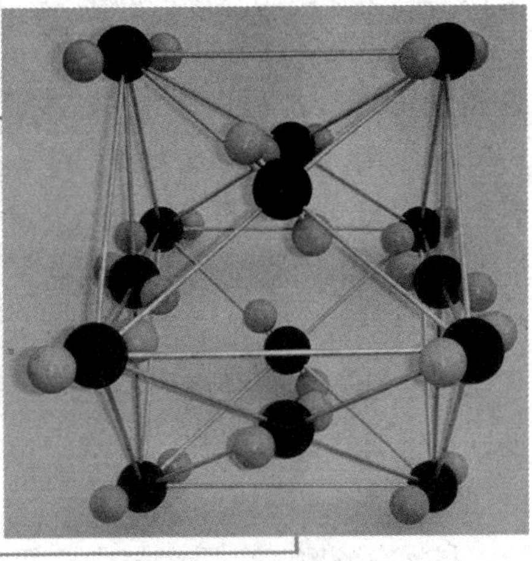

二氧化碳分子模型

成氨制氢气过程气、发酵气、石灰窑气、酸中和气、乙烯氧化副反应气和烟道气等气体中提取和回收，目前，商用产品的纯度不低于99%（体积）。

二氧化碳压裂

二氧化碳不但是绿色植物通过光合作用合成淀粉的不可缺少的物质，同时还起着保护地球的作用，因而通常又被称为地球的“棉被”。大家知道，太阳的短波辐射（主要是可见光）很容易透过大气层达到地球表面。大气中的二氧化碳和水蒸气一样，对红外波辐射有强烈的吸收作用，能“截留”它，不让它逸散到空间去，因而可增加低层大气的温度，这就是通常所说的“温室效应”。地球上环境温度由于地面和大气层在整体上吸收太阳辐射能量平衡于释放红外线辐射到太空外中的能量而保持稳定。但受到温室气体的影响，大气层吸收红外线辐射的分量多过它释放出到太空外，这使地球表面温度上升，此过程可称为“天然的温室效应”。由于人类活动释放出大量的温室气体，结果让更多红外线辐射被折返到地面上，加强了“温室效应”的作用。如果没有大气，地表平均温度就会下降到 -23℃，而实际地表平均温度为15℃，这就是说温室效应使地表温度提高了38℃。随着社会经济的高速发展，不断消耗天然资源，大气中的二氧化碳迅速增加。

你知道吗

大气层的成分

大气层又叫大气圈，地球就被这一层很厚的大气层包围着。大气层的成分主要有氮气，占78.1%；氧气占20.9%；氩气占0.93%；还有少量的二氧化碳、稀有气体（氦气、氖气、氩气、氪气、氙气、氡气）和水蒸气。大气层的空气密度随高度而减小，越高空气越稀薄。大气层的厚度大约在1000千米以上，但没有明显的界限。

科学家预测，今后大气中二氧化碳每增加1倍，全球平均气温将上升1.5℃～4.5℃，而两极地区的气温升幅要比平均值高3倍左右。美国科学家

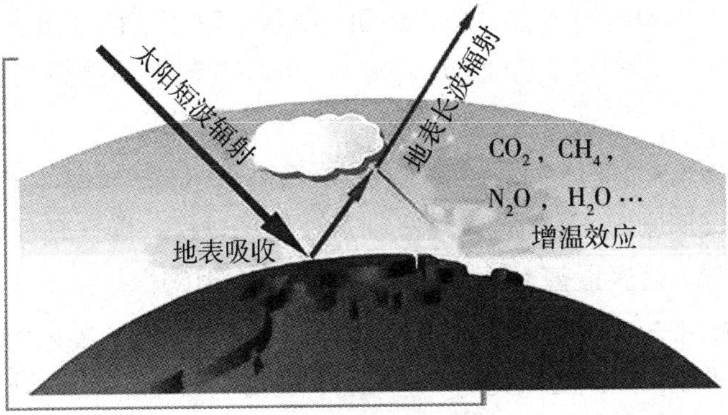

二氧化碳保温

还认为，甲烷的“温室效应”比二氧化碳的效果强 300 倍，氟利昂比二氧化碳强 20000 倍。特别值得指出的是，这些在空气中的痕量气体起着“放大器”的作用，能将二氧化碳的温室效应加以放大，进一步促进地球变暖。对待气

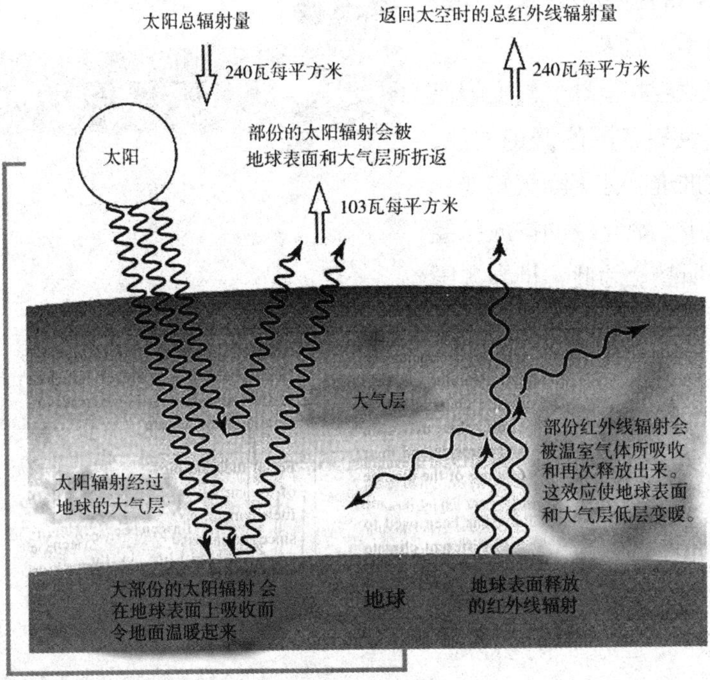

温室效应示意图

候变暖，应一分为二地去看。好的一面，气候变暖可使植物生长期延长，有利于植物生长，有利于农业生产。同时，也应看到气候变暖带来一些不利因素：

①气候转变：“全球变暖”造成大气层云量及环流的转变，当中某些转变可使地面变暖加剧（正反馈），某些则可令变暖过程减慢（负反馈）等不良后果；②地球上的病虫害增加。美国科学家曾发出警告，由于全球气温上升令北极冰层融化，被冰封十几万年的史前致命病毒可能会重见天日，导致全球陷入疫症恐慌，人类生命受到严重威胁；③海平面上升，“全球变暖”会导致海平面升高。全球暖化使南北极的冰层迅速融化，海平面不断上升，世界银行的一份报告显示，即使海平面只小幅上升1米，也足以导致5600万发展中国家人民沦为难民；④气候反常，海洋风暴增多；⑤土地干旱，沙漠化面积增大；⑥经济的影响：全球有超过一半人口居住在沿海100千米的范围以内，其中大部分住在海港附近的城市区域。所以，海平面的显著上升对沿岸低洼地区及海岛会造成严重的经济损害等等不良后果。

温室效应和全球气候变暖已经引起了世界各国的普遍关注，目前正在推进制订国际气候变化公约，减少二氧化碳的排放已经成为大势所趋。为此，世界各国都在采取措施，积极迎接环境变化的挑战，预防气候的进一步变化。迄今规模最大的一次全球盛会——联合国环境与发展大会于1992年6月3日至14日在巴西里约热内卢举行。会议通过了保护世界环境的4个文件，要求各国都必须很好遵守。节约能源，开发新能源，尤其是要发展太阳能、核能，因为太阳能、核能

拓展阅读

太阳能发电

未来太阳能的大规模利用是用来发电。利用太阳能发电的方式有多种。目前已实用的主要有以下两种：

（1）光—热—电转换。即利用太阳辐射所产生的热能发电。一般是用太阳能集热器将所吸收的热能转换为工质的蒸汽，然后由蒸汽驱动气轮机带动发电机发电。前一过程为光—热转换，后一过程为热—电转换。

（2）光—电转换。其基本原理是利用光生伏打效应将太阳辐射能直接转换为电能，它的基本装置是太阳能电池。

不会对气候产生有害影响。千方百计减少向大气释放甲烷、氟利昂、二氧化碳等气体，以使地球覆盖的“棉被”不至于太厚。绿色植物是大自然的调节师，是制造有机物的“绿色工厂”，它能吸收二氧化碳，吐出氧气，对保持生态平衡有着重要作用。为此必须采取有力措施，大力植树造林，美化、绿化环境，使大自然的调节师——绿色植物，有足够的能力调节大气的组成，减少二氧化碳的增多。总之，为了人类的生存与发展，造福于子孙后代，我们既要保护地球的“棉被”，同时又要不使“棉被”太厚，预防气候变坏。

让人爱恨交加的臭氧

臭氧又名三原子氧，俗称“福氧、超氧、活氧”，分子式是 O_3。臭氧在常温常压下，呈淡蓝色的气体，伴有一种鱼腥臭的味道，臭氧的稳定性极差，在常温下可自行分解为氧气，因此臭氧不能贮存，一般现场生产，立即使用。臭氧是目前已知的一种广谱、高效、快速、安全、无二次污染的杀菌气体，可杀灭细菌芽胞、病毒、真菌等，并可破坏肉杆菌毒素。可杀灭附在水果、蔬菜、肉类等食物上的大肠杆菌、金黄色葡萄球菌、沙门氏菌、黄曲莓菌、镰刀菌、冰岛青霉菌、黑色变种芽胞、自然菌、淋球菌等，也可杀死甲、乙肝等传染病毒，还可以去除果蔬残留农药及洗涤用品残留物的毒性。臭氧能杀死病毒细菌，而健康细胞具有强大的平衡系统，因而臭氧对健康细胞危害较小。

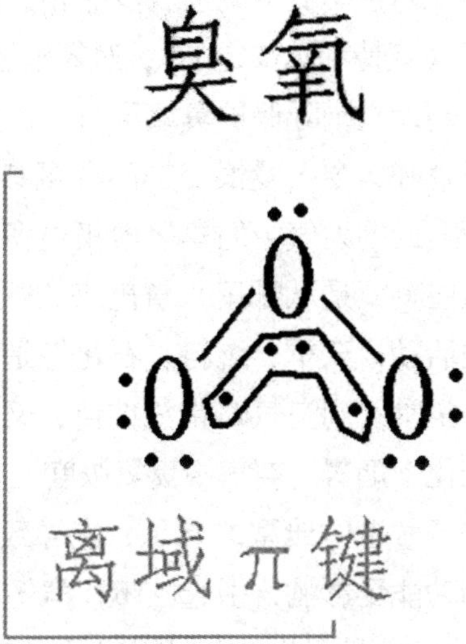

臭氧分子结构

臭氧是大气中的一种自然微量成分。它在空气中平均浓度，按体积计算，只有3%，且绝大部分位于离地面约20千米的高空。在那里，臭氧的浓度可达8%～10%，人们把那里的大气叫做臭氧层。

紫外线从多方面影响着人类健康，人体会发生如晒斑、眼病、免疫系统变化、光变反应和皮肤病（包括皮肤癌）等；紫外线可削弱光合作用，严重阻碍各种农作物和树木的正常生长……臭氧层可以抵御紫外线的侵袭。由于氟利昂的过量排放造成了臭氧空洞，严重危害人类。

基本小知识

紫外线

紫外线是电磁波谱中波长从10nm到400nm辐射的总称，不能引起人们的视觉。1801年德国物理学家里特发现在日光光谱的紫端外侧一段能够使含有溴化银的照相底片感光，因而发现了紫外线的存在。

为了防止臭氧空洞进一步加剧，保护生态环境和人类健康，1990年各国制定了《蒙特利尔议定书》，对氯氟烃的排放量规定了严格的限制。世界上还为此专门设立国际保护臭氧层日。由此给人的印象似乎是受到保护的臭氧应该越多越好，令人爱恨交加的臭氧其实不是这样，如果大气中的臭氧，尤其是地面附近的大气中的臭氧聚集过多，对人类来说臭氧浓度过高反而是个祸害。这些臭氧是从哪里来冒出来的呢？同铅污染、硫化物等一样，它也是源于人类活动，汽车、燃料、石化等是臭氧的重要污染源。在车水马龙的街上行走，常常看到空气略带浅棕色，又有一股辛辣刺激的气味，这就是通常所称的光化学烟雾。空气中臭氧浓度在0.012ppm（百万分之一）水平时——这也是许多城市中典型的水平，能导致人皮肤刺痒，眼睛、鼻咽、呼吸道受刺激，肺功能受影响，引起咳嗽、气短和胸痛等症状；空气中臭氧水平提高到0.05ppm，入院就医人数平均上升7%～10%。原因就在于，作为强氧化剂，臭氧几乎能与任何生物组织反应。当臭氧被吸入呼吸道时，就会与呼吸道中的细胞、流体和组织很快反应，导致肺功能减弱和组织损伤。对那些患有气喘病、肺气肿和慢性支气管炎的人来说，臭氧的危害更为明显。

从臭氧的性质来看，它既可助人又会害人，它既是上天赐与人类的一把保护伞，有时又像是一剂猛烈的毒药。我们既要采取措施保护臭氧层，同时也要注意环境保护，共建和谐家园。

你知道吗

臭氧层为什么会出现空洞

臭氧层是大气平流层中臭氧浓度最大处，是地球的一个保护层，太阳紫外线辐射大部被其吸收。臭氧层空洞是大气平流层中臭氧浓度大量减少的空域。臭氧层为什么会出现“空洞”？许多科学家认为，这是使用氟利昂作制冷剂及在其他方面使用的结果。氟利昂由碳、氯、氟组成，其中的氯离子释放出来进入大气后，能反复破坏臭氧分子，自己仍保持原状，因此尽管其量甚微，也能使臭氧分子减少到形成“空洞”。还有科学家提出，仅仅是氟利昂的作用还不够，太阳风射来的粒子流在地磁场的作用下向地磁两极集中，并破坏了那里的臭氧分子，这才是主要原因。而无论如何，人为地将氯离子送进大气，终是一种有害行为。

世界上最轻的气体——氢

氢是元素周期表中的第一号元素，它的原子是109个元素中最小的一个。由于它又轻又小，所以跑得最快，如果人们让每种元素的原子进行一场别开生面的赛跑运动，那么冠军非氢原子莫属。

氢气是最轻的气体，在0℃和一个大气压下，每升氢气只有0.09克，它的“体重”还不到空气的十四分之一，它的这种特点，很早就引起了人们的兴趣。在1780年时，法国一名化学家便把氢气充入猪的膀胱中，制成了世界上第一个、也是最原始的氢气球，它冉冉地飞向了高空。现在，人们是在橡胶薄膜中充入氢气，大量制造氢气球。

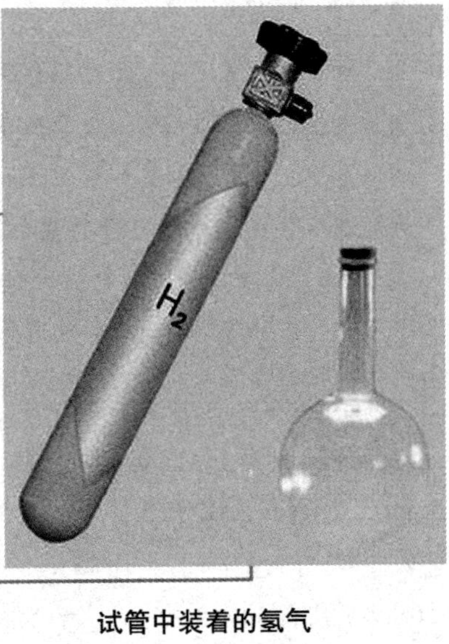

试管中装着的氢气

在地球上和地球大气中只存在极稀少的游离状态氢。在地壳里，如果按重量计算，氢只占总重量的 1%，而如果按原子百分数计算，则占 17%。氢在自然界中分布很广，水便是氢的“仓库”——水中含 11% 的氢；泥土中约有 1.5% 的氢；石油、天然气、动植物体中也含氢。在空气中，氢气倒不多，约占总体积的一千万分之五。在整个宇宙中，按原子百分数来说，氢却是最多的元素。据研究，在太阳的大气中，按原子百分数计算，氢占 81.75%。在宇宙空间中，氢原子的数目比其他所有元素原子的总和约大 100 倍。

氢是重要工业原料，如生产合成氨和甲醇，也用来提炼石油，氢化有机物质作为收缩气体，用在氧氢焰熔接器和火箭燃料中。在高温下用氢将金属氧化物还原以制取金属较之其他方法，产品的性质更易控制，同时金属的纯度也高。广泛用于钨、钼、钴、铁等金属粉末和锗、硅的生产。

由于氢气很轻，人们利用它来制作氢气球（注意：目前出于安全考虑，一般用氦气作为原料制造氢气球）。氢气与氧气化合时，能放出大量的热，被利用来进行切割金属。

利用氢的同位素氘和氚的原子核聚变时产生的能量能生产杀伤和破坏性极强的氢弹，其威力比原子弹大得多。

知识小链接

同位素

同位素是具有相同原子序数的同一化学元素的两种或多种原子之一，在元素周期表上占有同一位置，化学性质几乎相同，但原子质量或质量数不同，从而其质谱行为、放射性转变和物理性质（例如在气态下的扩散本领）有所差异。同位素的表示是在该元素符号的左上角注明质量数，例如碳 14，一般用 ^{14}C 而不用 C14。自然界中许多元素都有同位素。同位素有的是天然存在的，有的是人工制造的。有的有放射性，有的没有放射性。同一元素的同位素虽然质量数不同，但它们的化学性质基本相同，物理性质有差异（主要表现在质量上）。

现在，氢气还作为一种可替代性的未来的清洁能源，用于汽车等的燃料。为此，美国于 2002 年还提出了“国家氢动力计划”。但是由于技术还不成熟，还没有进行大批的工业化应用。2003 年科学家发现，使用氢燃料会使大气层中的氢增加约 4 ~8 倍。认为可能会让同温层的上端更冷、云层更多，还会加剧臭氧洞的扩大。但是一些因素也可抵消这种影响，如使用氯氟甲烷的减少、土壤的吸收，以及燃料电池的新技术的开发等。

氢是由英国化学家卡文迪许在1766年发现的，称之为可燃空气，并证明它在空气中燃烧生成水。1787年法国化学家拉瓦锡证明氢是一种单质并命名。在地球上氢主要以化和态存在于水和有机物中。有三种同位素：氕、氘、氚。

◎不用汽油的汽车

你们见过不用汽油的汽车吗？

也许大家会问：汽车怎么会不用汽油呢？

原来，科学家们发现汽油燃烧后会放出二氧化碳，这样下去会对环境造成污染。就设想用另一种燃料来代替汽油，科学家们经过多次实验，终于发现氢气可以代替汽油。用氢气作燃料有许多优点，首先是干净卫生，氢气燃烧后的产物是水，不会污染环境，其次是氢气在燃烧时比汽油的发热量高。

在1965年，外国的科学家们就已设计出了能在马路上行驶的氢能汽车。我国也在1980年成功地造出了第一辆氢能汽车，可乘坐12人，贮存氢材料90千克。氢能汽车行车路远，使用的寿命长，最大的优点是不污染环境。

◎气球的妙用

10月1日国庆节，举国欢庆。首都天安门前，五颜六色、大大小小的气球高高地浮在空中，迎风飘扬，翩翩起舞，十分好看，人们都说这是“白天的焰火”。除了欢度节日，增加愉快的气氛之外，气球还有没有其他的用处呢？

科学家很早就给我们做出了回答。

在人类漫长的历史中，经受了无数次的洪水、干旱、地震等自然灾害。古时候人们都十分迷信，认为这些都是因为自己做错了什么事触怒了

气　球

上天，所以上天降下灾祸。随着科学的发展，人们逐渐认识到并没有什么天神，这些都是自然现象，而且可以对它们进行预测。

在东汉时我国人民就能预测地震，但对于洪水，却一直无能为力。洪水一来就要淹没村庄，毁坏农田，有时甚至会危害人类。怎么才能对付洪水呢？科学家研究发现，洪水是由长时间下暴雨造成的，暴雨又是从雨云中降下的。这样，只要能观测到云层的厚度和水分，就可以预报天气，人们在听到暴雨来临的消息后就会做好预防措施。这样就减轻了洪水带来的危害。

可是，云朵都飘浮在高空，人类又没有翅膀，飞不到那样的高度，怎么办呢？

在化学家发现了氢气后，这个问题一下子解决了。人们造了好多个氢气球，让它们带上观测设备，这样，人们不用上天，就可以知道天空中云层的变化，从而做出准确的天气预报。

拓展阅读

人工降雨的原理

干冰是固态的二氧化碳，在常温和压强为6079.8千帕压力下，把二氧化碳冷凝成无色的液体，再在低压下迅速蒸发，便凝结成一块块压紧的冰雪状固体物质，其温度是零下78.5℃，这便是干冰。干冰蓄冷是水冰的1.5倍以上，吸收热量后升华成二氧化碳气体，无任何残留、无毒性、无异味，有灭菌作用。干冰放在空气中能迅速吸收大量的热，使周围的温度快速降低，使水蒸气液化成小水滴，从而达到人工降雨的目的。另外，碘化银 AgI 等物质也具有类似的性质。

最近一段时间，气球又有了一种新用途，利用它携带干冰、碘化银等药剂升上天空，在云朵中喷撒，可以进行人工降雨。

现在因为氢气容易爆炸，所以现在填充气球、飞艇等原来用氢气填充的物体时就改用氦来填充，现在氢气的用处不多，用得多的是氢气的同位素——氘和氚。

◎ 飞人之死

在18世纪，欧洲出现了热气球，人们用它把鸡、鸭、羊等动物送上了天空。可是，人们对它还是心存恐惧，没有人愿意乘气球离开地面。

氢气飞艇爆炸

1783 年，法国国王在科学界的一致要求下批准了用气球送人上天的计划，但要送的却是两个死刑犯。

这个消息被一个勇敢的青年知道后，他想第一次上天是一项流芳百世的壮举，怎么能把这个千载难逢的机遇让给死刑犯呢？于是他找了一个跟他一样不怕死的青年，向国王请求让他们替下死刑犯，国王被他们的勇敢打动了，准许了他们的要求。

1783 年 11 月 21 日，这两个青年乘上热气球，成功地进行了第一次用气球载人飞行，他俩顿时成了新闻人物，人们在街头巷议中纷纷把他俩称作“飞人”。

第二年，他们又计划乘气球飞越英吉利海峡。这时人们已经制出了氢气球，他们决定把氢气球和热气球组合在一起，同时乘坐两只气球飞向英国。

这一天，他们把两只气球绑在一起，然后升上了天空。不久之后，悲剧发生了，气球发生了爆炸，他们都在事故中遇难身亡。

气球为什么会爆炸呢？

这是因为热气球下面有一个火盆，是用来给空气加热，但氢气是一种易燃易爆的气体，它一见火就会发生爆炸，因为缺乏对氢气的了解，导致了这场灾难的发生。

世界上最重的气体——氡

1900 年，德国人恩斯特·多恩发现一种气体——氡或硝酸灵（无色同位素 222）。这是从镭盐中释放出来的气体，这种气体比氢气重 111.5 倍，即 1 立方厘米重 0.011005 克，是世界上最重的气体。

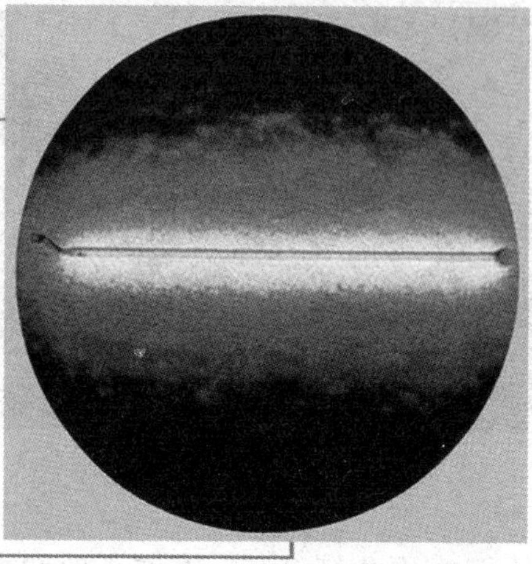

氡

氡是无色、无味气体，熔点 -71℃，沸点 -61.8℃，气体密度 9.73 克/升；水溶解度 4.933 克/千克，也易溶于有机溶剂，如煤油、二硫化碳中；氡很容易吸附于橡胶、活性炭、硅胶和其他吸附剂上。天然放射性元素。无色无嗅气体。化学性质极不活泼，没有稳定的核素。具有危险的放射性，这种放射性可以破坏形成的任何化合物。氡较容易压缩成无色发磷光的液体，固体氡有天蓝色的钻石光泽。氡的化学性质极不活泼，已制得的氡化合物只有氟化氡，它与氙的相应化合物类似，但更稳定，更不易挥发。氡主要用于放射性物质的研究，可做实验中的中子源；还可用作气体示踪剂，用于研究管道泄漏和气体运动等。

由于氡具有放射性，衰变后成为放射性钋和 α 粒子，因此可供医疗用。用于癌症的放射治疗：用充满氡气的金针插进生病的组织，可杀死癌细胞。它通常从辐射源泵并密封于小玻璃瓶中，然后植入患者体内肿瘤部位。人们称这种氡粒子为“种子”。

氡是地壳中放射性铀、镭和钍的蜕变产物，是一种稀有气体，因此地壳中含有放射性元素的岩石总是不断地向四周扩散氡气，使空气中和地下水中多多少少含有一些氡气。强烈地震前，地应力活动加强，氡气不仅运移增强，含量也会发生异常变化，如果地下含水层在地应力作用下发生形变，就会加速地下水的运动，增强氡气的扩散作用，引起氡气含量

你知道吗

放射性分类

放射性有天然放射性和人工放射性之分。天然放射性是指天然存在的放射性核素所具有的放射性。它们大多属于由重元素组成的三个放射系（即钍系、铀系和锕系）。人工放射性是指用核反应的办法所获得的放射性。人工放射性最早是在 1934 年由法国科学家约里奥 - 居里夫妇发现的。

的增加，所以测定地下水中氡气的含量增加可以作为一种地震前兆。

由于氡是一种放射性元素，如果长期呼吸高浓度氡气，将会造成上呼吸道和肺伤害，甚至引发肺癌，它为 19 种致癌物质之一。

氡的分布很广，每天都在你的周围，它存在于家家户户的房间里。据检测，美国几乎有十五分之一的家庭氡含量较高。了解室内高浓度氡的来源，有助于我们对氡的认识和防治。调查表明，室内氡的来源主要有以下几个方面：

1. 从房基土壤中析出的氡。在地层深处含有铀、镭、钍的土壤、岩石中。人们可以发现高浓度的氡。这些氡可以通过地层断裂带，进入土壤和大气层。建筑物建在上面，氡就会沿着地的裂缝扩散到室内。从北京地区的地址断裂带上检测表明，三层以下住房室内氡含量较高。

2. 从建筑材料中析出的氡。1982 年联合国原子辐射效应科学委员会的报告中指出，建筑材料是室内氡的最主要来源。如花岗岩、砖砂、水泥及石膏之类，特别是含有放射性元素的天然石材，易释放出氡。从近期室内环境检测中心的检测结果看，此类问题不可忽视。

3. 从户外空气中进入室内的氡。在室外空气中，氡被稀释到很低的浓度，几乎对人体不构成威胁。可是一旦进入室内，就会在室内大量的积聚。

4. 从供水及用于取暖和厨房设备的天然气中释放出的氡。这方面，只有水和天然气的含量比较高时才会有危害。

中国室内装饰协会室内环境检测中心在调查中发现，北京地区的一些家庭，住在一楼并在地面铺满了花岗岩，室内氡含量较高，有的已经对家人造成了伤害，应该引起大家的注意。

基本小知识

花岗岩

花岗岩（Granite）是一种岩浆在地表以下冷却形成的火成岩，主要成分是长石和石英。花岗岩在拉丁文中的意思是谷粒或颗粒。因为花岗岩是深成岩，常能形成发育良好、肉眼可辨的矿物颗粒，因而得名。花岗岩不易风化，颜色美观，外观色泽可保持百年以上，由于其硬度高、耐磨损，除了用作高级建筑装饰材料外，还是露天雕刻的首选之材。

近些年来，防止室内氡的危害已经日益成为国际关注的焦点。为了保证人民身体健康与安全，各国对室内氡的危害给予了足够的重视。到目前为止，世界上已有20多个国家和地区制定了室内氡浓度控制标准。瑞典是一个室内氡浓度较高的国家，早在1979年瑞典就成立了国家氡委员会，经过20多年的努力，对所有建筑进行了监测并对每所房屋建立了氡的档案。1987年氡被国际癌症研究机构列入室内重要致癌物质。1990年美国开始举办国家氡行动周，以便让更多的人了解氡的危害，使更多的家庭接受氡的测试，对发现高氡建筑物采取防护措施。1996年，我国技术监督局和卫生部就颁布了《住房内氡浓度控制标准》，规定新建的建筑物中每立方米空气中氡浓度的上限值为100贝克，已使用的旧建筑物中每立方米空气中氡的浓度为200贝克。随后颁布了《地下建筑氡及其子体控制标准》和《地热水应用中的放射性防护标准》，提出了严格的控制标准。并有卫生部、国土资源部等部门成立了氡检测和防治领导小组。

怎样才能降低室内氡的含量?

室内的氡含量的高低会对人体造成不同程度的危害，但只要注意降低住房里的氡含量就可以减少这种危害。从国内外的一些经验看，有好多种方法可以降低住房的氡含量。

1. 在建房前进行地基选择时，有条件的可先请有关部门做氡的测试，然后采取降氡措施。个人购买住房时，应考虑这个因素。

2. 建筑材料的选择。在建筑施工和居室装饰装修时，尽量按照国家标准选用低放射性的建筑和装饰材料。北京有的房地产开发商在进行施工工程监理时，特别注意建筑材料的放射性，及时请有关部门进行检测，这种做法应该提倡。居民在进行家居装修更应该注意这一点。

3. 在写字楼和家庭室内装饰中，要注意天棚、密封地板和墙上的所有裂缝，地下室和一楼以及室内氡含量比较高的房间更要注意，这种做法可以有效减少氡的析出。

4. 做好室内的通风换气，这是降低室内氡浓度的有效方法。据专家试验，一间氡浓度在151贝克/米^{3}的房间，开窗通风1小时后，室内氡浓度就降为48贝克/米^3。有条件的可配备有效的室内空气净化器。

5. 尽量减少或禁止在室内吸烟，特别是在有儿童和老人的情况下。

在水中溶解度最大的气体——氨

许多气体都能够溶解在水中。但各种气体在水里的溶解度是不同的。通常情况下，1 体积的水能够溶解 1 体积的二氧化碳。而 1 体积的水只能溶解十分之一体积的氢。可见氢这种气体的溶解度很小。相比之下，有些气体的溶解度比二氧化碳还要强得多。在 1 个大气压和 20℃时，1 体积水能溶解 2.4 体积的硫化氢气体或 2.5 体积的氯气。

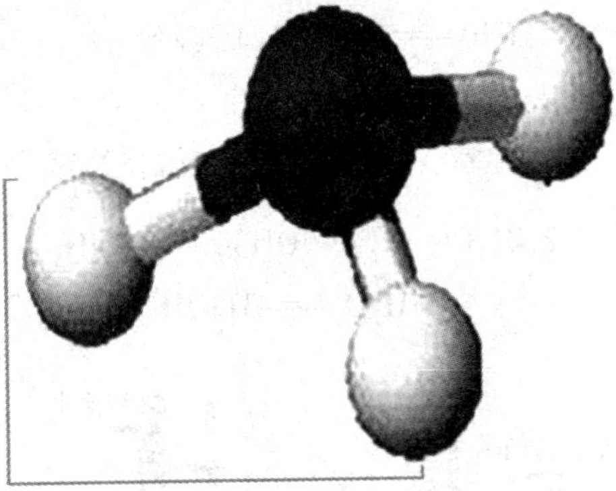

氨气分子球棍模型

氨是溶解度最大的气体。它是一种有刺激性气味的气体，在 1 个大气压和 20℃时，1 体积水约能溶解 700 体积氨气。氨气的水溶液称为氨水。氨水是一种重要的肥料。而氨是现代化工业上最重要的产品之一，可用来制造硝酸、炸药等，也可用来制造药品。氨还有其他一些性质：它容易气化，气压降低，它就可急剧蒸发，同时它又易液化，在 -33℃ 的情况下，它就会凝结成为无色液体，同时还会释出大量的热。

你知道吗

氨水的作用与用途

氨水在农业上经稀释后可用作化肥；在无机工业用于制造各种铁盐；在毛纺、丝绸、印染等工业用于洗涤羊毛、呢绒、坯布，溶解和调整酸碱度，并作为助染剂等；在有机工业用作胺化剂，生产热固性酚醛树脂的催化剂。医药上用稀氨水对呼吸和循环起反射性刺激，医治晕倒和昏厥，并作皮肤刺激药和消毒药，也用作洗涤剂、中和剂、生物碱浸出剂。

◎ 氨的制法

1. 工业制法：工业上氨是以哈伯法通过 N_2 和 H_2 在高温高压和催化剂存

在下直接化合而制成：

工业上制氨气

$$N_2(g) + 3H_2(g) \xrightleftharpoons[\text{催化剂}]{\text{高温高压}} 2NH_3(g)$$

$\triangle rH\theta$ ═══ －92.4 千焦/摩尔

2. 实验室制备：

实验室，氨常用铵盐与碱作用或利用氮化物易水解的特性制备：

$$2NH_4Cl + Ca(OH)_2 \overset{\triangle}{=\!=\!=} 2NH_3\uparrow + CaCl_2 + 2H_2O$$

$$Li_3N + 3H_2O =\!=\!= 3LiOH + NH_3\uparrow$$

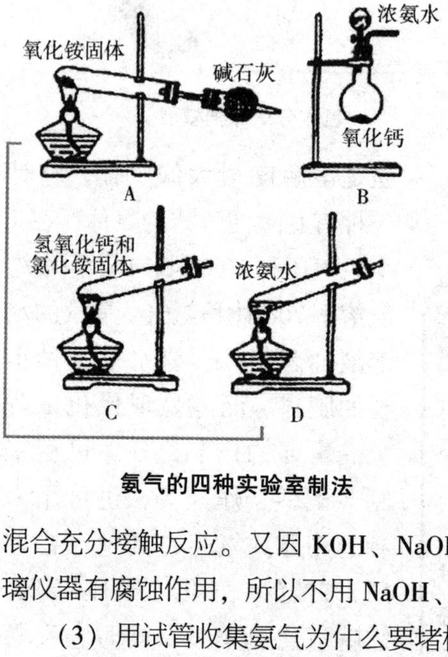

氨气的四种实验室制法

（1）不能用 NH_4NO_3 跟 $Ca(OH)_2$ 反应制氨气

因为 NH_4NO_3 是氧化性铵盐，加热时低温生成 NH_3 和 HNO_3，随着温度升高，硝酸的强氧化性发挥作用使生成的氨进一步被氧化、生成氮气和氮的氧化物，所以不能用 NH_4NO_3 跟 $Ca(OH)_2$ 反应制氨气。

（2）实验室制 NH_3 不能用 NaOH、KOH 代替 $Ca(OH)_2$

因为 NaOH、KOH 是强碱，具有吸湿性（潮解）易结块，不易与铵盐混合充分接触反应。又因 KOH、NaOH 具有强腐蚀性，在加热情况下，对玻璃仪器有腐蚀作用，所以不用 NaOH、KOH 代替 $Ca(OH)_2$ 制 NH_3。

（3）用试管收集氨气为什么要堵棉花

因为 NH_3 分子微粒直径小，易与空气发生对流，堵棉花目的是防止 NH_3 与空气对流，确保收集纯净。

（4）实验室制 NH_3 除水蒸气为什么用碱石灰，而不采用浓 H_2SO_4 和固体 $CaCl_2$

因为浓 H_2SO_4 与 NH_3 反应生成 $(NH_4)_2SO_4$。

NH_3 与 $CaCl_2$ 反应也能生成其他物质。

广角镜

容易潮解的物质

有些晶体能自发吸收空气中的水蒸气，在它们的固体表面逐渐形成饱和溶液，它的水蒸气压若是低于空气中的水蒸气压，则平衡向着潮解的方向进行，水分子向物质表面移动。这种现象叫做潮解。容易潮解的物质有 $CaCl_2$、$MgCl_2$、$FeCl_3$、$AlCl_3$、NaOH 等无机盐、碱。易潮解的物质常用作干燥剂，以吸收液体或气体的水分。其中，NaOH 只作为中性或碱性气体的干燥剂。易潮解的物质必须在密闭条件下保存；易潮解的药物（特别是原料药）更要在防潮条件下贮存，以防霉烂变质。

（5）实验室快速制得氨气的方法

用浓氨水加固体 NaOH（或加热浓氨水）。

◎注意事项

氨对接触的皮肤组织有腐蚀和刺激作用，可以吸收皮肤组织中的水分，使组织蛋白变性，并使组织脂肪皂化，破坏细胞膜结构。氨的溶解度极高，所以主要对动物或人体的上呼吸道有刺激和腐蚀作用，常被吸附在皮肤黏膜和眼结膜上，从而产生刺激和炎症。可麻痹呼吸道纤毛和损害黏膜上皮组织，使病原微生物易于侵入，减弱人体对疾病的抵抗力。氨通常以气体形式吸入人体，氨被吸入肺后容易通过肺泡进入血液，与血红蛋白结合，破坏运氧功能。进入肺泡内的氨，少部分为二氧化碳所中和，余下被吸收至血液，少量的氨可随汗液、尿液或呼吸排出体外。

长期接触氨气，部分人可能会出现皮肤色素沉积或手指溃疡等症状；氨气被呼入肺后容易通过肺泡进入血液，与血红蛋白结合，破坏运氧功能。短期内吸入大量氨气后可出现流泪、咽痛、声音嘶哑、咳嗽、痰带血丝、胸闷、呼吸困难，可伴有头晕、头痛、恶心、呕吐、乏力等，严重者可发生肺水肿、使呼吸窘迫综合症，同时可能发生呼吸道刺激症状。若吸入的氨气过多，导致血液中氨浓度过高，就会通过三叉神经末梢的反射作用而引起心脏的停搏和呼吸停止，危及生命。

室内空气中氨气主要来自建筑施工中使用的混凝土添加剂。添加剂中含有大量氨物质，在墙体中随着温度、湿度等环境因素的变化而还原成氨气释放出来。

拓展阅读

血红蛋白的构成

血红蛋白是高等生物体内负责运载氧的一种蛋白质，也是红细胞中唯一一种非膜蛋白。人体内的血红蛋白由四个亚基构成，分别为两个 α 亚基和两个 β 亚基。血红蛋白的每个亚基由一条肽链和一个血红素分子构成，肽链在生理条件下会盘绕折叠成球形，把血红素分子包在里面，这条肽链盘绕成的球形结构又被称为珠蛋白。血红素分子是一个具有卟啉结构的小分子，在卟啉分子中心，由卟啉中四个吡咯环上的氮原子与一个亚铁离子配位结合，珠蛋白肽链中第 8 位的一个组氨酸残基中的吲哚侧链上的氮原子从卟啉分子平面的上方与亚铁离子配位结合，当血红蛋白不与氧结合的时候，有一个水分子从卟啉环下方与亚铁离子配位结合，而当血红蛋白载氧的时候，就由氧分子顶替水的位置。

令人发笑的气体

一氧化二氮，无色有甜味气体，又称笑气，是一种氧化剂，化学式 N_2O，在一定条件下能支持燃烧（同氧气，因为笑气在高温下能分解成氮气和氧气），但在室温下稳定，有轻微麻醉作用，并能致人发笑，能溶于水、乙醇、乙醚及浓硫酸。其麻醉作用于 1799 年由英国化学家汉弗莱·戴维发现。该气体早期被用于牙科手术的麻醉，是人类最早应用于医疗的麻醉剂之一。它可由 NH_4NO_3 在微热条件下分解产生，产物除 N_2O 外还有一种，此反应的化学方程式为：$NH_4NO_3 \xlongequal{\Delta} N_2O\uparrow + 2H_2O$；等电子体理论认为 N_2O 与 CO_2 分子具有相似的结构（包括电子式），则其空间构型是直线型，N_2O 为极性分子。

知识小链接

最早的麻醉剂——麻沸散

麻醉是指用药物或非药物方法使机体或机体一部分暂时失去感觉，以达到无痛的目的，多用于手术或某些疾病的治疗。“麻沸散”是世界上第一个发明和使用的麻醉剂，由我国东汉末年和三国年间杰出的医学家华佗所创造，公元2世纪我国已有用“麻沸散”全身麻醉进行剖腹手术的记录。近代最早发明全身麻醉剂的人是19世纪初期的英国化学家戴维。

◎笑气无痛分娩

1772年，英国化学家普利斯特里发现了一种气体。他制备一瓶气体后，把一块燃着的木炭投进去，木炭比在空气中烧得更旺。他当时把它当作“氧气”，因为氧气有助燃性。但是，这种气体稍带“令人愉快”的甜味，同无嗅无味的氧气不同；它还能溶于水，比氧气的溶解度也大得多。这种气体究竟是什么，成了一个待解的“谜”。

事隔26年后的1798年，普利斯特里实验室来了一位年轻的实验员，他的名字叫戴维。戴维有一种忠于职责的勇敢精神，凡是他制备的气体，都要亲自“嗅几下”，以了解它对人的生理作用。当戴维吸了几口这种气体后，奇怪的现象发生了：他不由自主地大声发笑，还在实验室里大跳其舞，过了好久才安静下来。因此，这种气体被称为“笑气”。

戴维发现“笑气”具有麻醉性，事后他写出了自己的感受：“我并非在可乐的梦幻中，我却为狂喜所支配；我胸怀内并未燃烧着可耻的火，两颊却泛出玫瑰一般的红。我的眼充满着闪耀的光辉，我的嘴喃喃不已地自语，我的四肢简直不知所措，好像有新生的权力附上我的身体。”

不久，以大胆著称的戴维在拔掉龋齿以后，疼痛难熬。他想到了令人兴奋的笑气，取来吸了几口。果然，他觉得痛苦减轻，神情顿时欢快起来。

笑气为什么具有这些特性呢？原来，它能够对大脑神经细胞起麻醉作用，但大量吸入可使人因缺氧而窒息致死。

1844年12月10日，美国哈得福特城举行了一个别开生面的笑气表演大

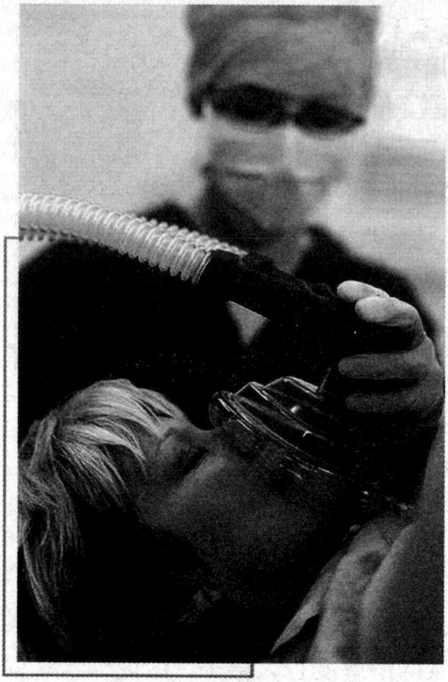

医生使用笑气

会。每张门票收 0.25 美元。在舞台前一字排列着 8 个彪形大汉，他们是特地请来处理自愿吸入笑气者可能出现的意外事故。

有一个名叫库利的药店店员走上舞台，自愿充当笑气吸入的受试人。当库利吸入笑气后，欢快地大笑一番。由于笑气的数量控制得不好，他一时失去了自制能力，笑着、叫着，向人群冲去，连前面有椅子也未发现。库利被椅子绊倒，大腿鲜血直流。当他一时眩晕并苏醒后，毫无痛苦的神情。有人问他痛不痛，他摇摇头，站起身来就走了。

库利的一举一动，引起观众席上一位牙医韦尔斯的注意。他想，库利跌碰得不轻，为什么他不感到疼痛？是不是“笑气”有麻醉的功能？当时，还没有麻醉药，病人拔牙时和受刑差不多，很痛苦。于是，他决定拿自己来做实验。

一天，韦尔斯让助手准备拔牙手术器具，然后吸入“笑气”，坐到手术椅上，让助手拔掉他一颗牙齿。牙拔下了，韦尔斯一点也不觉得疼。于是，“笑气”作为麻醉剂很快进入医院，并被长期使用着。

◎它的生成

加热或撞击硝酸铵可以生成一氧化二氮和水。$NH_4NO_3 = N_2O + 2H_2O$

工业上对硝酸铵热分解可制得纯度 95% 的一氧化二氮。

一个笑气分子与六个水分子结合在一起。当水中溶解大量笑气时，再把水冷却，就会有笑气晶体出现。把晶体加热，笑气会逸出。人们利用笑气这种性质，制高纯笑气。

◎ 在汽车加速系统的应用

氮气加速系统是由美国 HOLLEY 公司开发的产品。在目前世界直线加速赛中，为了在瞬间提高发动机功率，利用的液态氮氧化物系统正是 NOS，其实，早在二次世界大战期间德国空军已开始使用 NOS，战争结束后才逐渐被用于民用汽车的直线加速赛事中。

基本小知识

发动机

发动机（Engine），又称为引擎，是一种能够把其他形式的能转化为另一种能的机器，通常是把化学能转化为机械能（把电能转化为机械能的称为电动机）。有时它既适用于动力发生装置，也可指包括动力装置的整个机器，比如汽油发动机、航空发动机。发动机最早诞生在英国，所以，发动机的概念也源于英语，它的本义是指那种“产生动力的机械装置”。

NOS 的工作原理是把 N_2O（一氧化二氮，俗称笑气）形成高压的液态后装入钢瓶中，然后在发动机内与空气一道充当助燃剂与燃料混合燃烧（N_2O 可放出氧气和氮气，其中氧气就是关键的助燃气体，而氮气又可协助降温），以此增加燃料燃烧的完整度，提升动力。

由于 NOS 提供了额外的助燃氧气，所以安装 NOS 后还要相应增加喷油量与之配合。正所谓“要想马儿跑得快，就要马儿多吃草”，燃料就是发动机的草，这样发动机的动力才得到进一步的提升。

NOS 与涡轮增压和机械增压一样，都是为了增加混合气中的

你知道吗

氧气的由来

氧气（Oxygen）在希腊文中的意思是“酸素”，该名称是由法国化学家拉瓦锡所起，原因是拉瓦锡错误地认为，所有的酸都含有这种新气体。现在日文里氧气的名称仍然是“酸素”。而台语受到台湾历史上日本的影响，也以“酸素”之日语发音称呼氧气。氧气的中文名称是清朝徐寿命名的。他认为人的生存离不开氧气，所以就命名为“养气”即“养气之质”，后来为了统一就用“氧”代替了“养”字，便叫做“氧气”。

氧气含量，提升燃烧效率从而增加功率输出，不同的是 NOS 是直接利用氧化物，而增压则是通过外力增加空气密度来达到目的的。也许有人会问为什么不直接使用氧气而用 N_2O 呢？那是因为用氧气难以控制发动机的稳定性（高温和爆发力）。

储存 N_2O 的专用储气罐净重约 6.7 千克，充满 N_2O 后约 11 千克。按照每次使用 1 分钟来算（专家建议 NOS 系统每次使用时间不可超过 1 分钟，一瓶气可用 3538 次）。

根据一辆夏利 2000 的实际升级情况，其 1.342 升的 8A 发动机加装 NOS 后，其 0～100 千米/小时加速时间减少了 23%，而功率提升了 21 千瓦。

◎一氧化二氮的环境效应

一氧化二氮（N_2O）是一种具有温室效应的气体，是《京都议定书》规定的 6 种温室气体之一。N_2O 在大气中的存留时间长，并可输送到平流层，同时，N_2O 也是导致臭氧层损耗的物质之一。

与二氧化碳相比，虽然 N_2O 在大气中的含量很低，但其单分子增温潜势却是二氧化碳的 310 倍；对全球气候的增温效应在未来将越来越显著，N_2O 浓度的增加，已引起科学家的极大关注。目前，对这一问题的研究，正在深入进行。

水——生命之源

水是地球上最常见的物质之一，是包括人类在内所有生命生存的重要资源，也是生物体最重要的组成部分。水在生命演化中起到了重要的作用。人类很早就开始对水产生了认识，东西方古代朴素的物质观中都把水视为一种基本的组成元素，水是中国古代五行之一。水包括天然水（河水、湖水、大气水、海水、地下水等），人工制水（通过化学反应使氢氧原子结合得到水）。本章介绍了和水有关的一些知识，有助于读者更加深入地了解它，珍惜它。

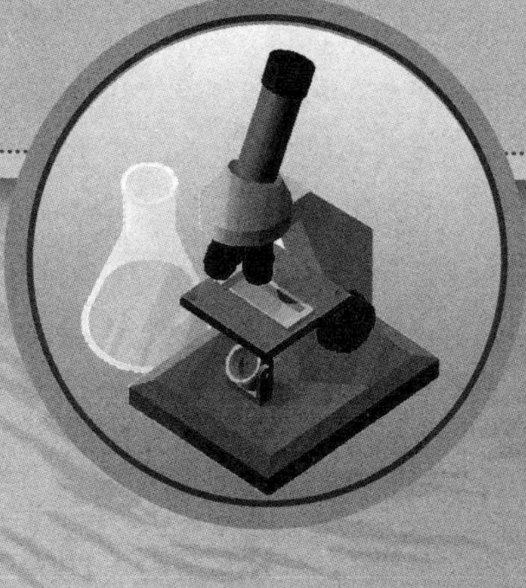

揭开水的神秘面纱

水在自然界到处可见。它充满着江、河、湖、海，分散于大气、土壤和动植物体内。从天而降的雨水，奔流不息的河水，从地下涌上来的泉水。

神奇的水

地球是太阳系八大行星之中唯一被液态水大部分覆盖的星球。关于地球上水的起源问题，学术上存在很大的分歧，目前有几十种不同的水形成学说。有观点认为在地球形成初期，原始大气中的氢、氧化合成水，水蒸气逐步凝结下来并形成海洋；也有观点认为，形成地球的星云物质中原先就存在水的成分。另外的观点认为，原始地壳中硅酸盐等物质受火山影响而发生反应、析出水分。也有观点认为，被地球吸引的彗星和陨石是地球上水的主要来源，甚至现在地球上的水还在不停增加。

基本小知识

彗　星

彗星（Comet），中文俗称“扫把星”，是太阳系中小天体之一类。由冰冻物质和尘埃组成。太阳的热使彗星物质蒸发，在冰核周围形成朦胧的彗发和一条稀薄物质流构成的彗尾。由于太阳风的压力，彗尾总是指向背离太阳的方向。《春秋》记载，公元前613年，“有星孛入于北斗”，这是世界上公认的首次关于哈雷彗星的确切记录，比欧洲早630多年。虽然彗星威力巨大，但撞击地球的可能性是微乎其微的。

当我们打开世界地图时，当我们面对地球仪时，呈现在我们面前的大部分面积是鲜艳的蓝色。从太空中看地球，我们居住的地球是一个椭圆形的，极为秀丽的蔚蓝色球体。水是地球表面数量最多的天然物质，它覆盖了地球

70%以上的表面。地球是一个名副其实的大水球。

也许有人会问：这么多的水是从哪儿来的？地球上本来就有水吗？

地球刚刚诞生的时候，没有河流，也没有海洋，更没有生命，它的表面是干燥的，大气层中也很少有水分。那么，如今浩瀚的大海，奔腾不息的河流，烟波浩淼的湖泊，奇形怪状的万年冰雪，还有那地下涌动的清泉和天上的雨雪云雾，这些水是从哪儿来的呢？

原来地球是由太阳星云分化出来的星际物质聚合而成的，它的基本组成有氢气和氦气以及一些尘埃。固体尘埃聚集结合形成地球的内核，外面围绕着大量气体。地球刚形成时，结构松散，质量不大，引力也小，温度很低。后来，由于地球不断收缩，内核放射性物质产生能量，致使地球温度不断升高，有些物质慢慢变暖融化，较重的物质，如铁、镍等聚集在中心部位形成地核，最轻的物质浮于地表。随着地球表面温度逐渐降低，地表开始形成坚硬的地壳。但因地球内部温度很高，岩浆活动就非常激烈。火山爆发十分频繁，地壳也不断发生变化，有些地方隆起形成山峰，有的地方下陷形成低地与山谷，同时喷发出大量的气体。由于地球体积不断缩小，引力也随之增加，此时，这些气体已无法摆脱地球的引力，从而围绕着地球，构成了“原始地球大气”。原始大气由多种成分组成，水蒸气便是其中之一。

水蒸气又是从那儿来的呢？组成原始地球的固体尘埃，实际上就是衰老了的星球爆炸而成的大量碎片，这些碎片多是无机盐之类的东西，在它们内部蕴藏着许多水分子，即所谓的结晶水合物。结晶水合物里面的结晶水在

拓展阅读

无机盐

无机盐即无机化合物中的盐类，旧称矿物质，在生物细胞内一般只占鲜重的1%至1.5%，目前人体已经发现20余种，其中大量元素有钙Ca、磷P、钾K、硫S、钠Na、氯Cl、镁Mg，微量元素有铁Fe、锌Zn、硒Se、钼Mo、氟F、铬Cr、钴Co、碘I等。虽然无机盐在细胞、人体中的含量很低，但是作用非常大，如果注意饮食多样化，少吃动物脂肪，多吃糙米、玉米等粗粮，不要过多食用精制面粉，就能使体内的无机盐维持正常应有的水平。

地球内部高温作用下离析出来就变成了水蒸气。喷到空中的水蒸气达到饱和时便冷却成云，变成雨，落在地面上，聚集在低洼处，逐渐积累成湖泊和河流，最后汇集到地表最低区域形成海洋。

水的名目那么多，其实都是一种东西，究竟是什么呢？

水的真面目第一次被人们识破，是在18世纪中叶。那时，英国有个化学家普利斯特里，常常爱给朋友们表演魔术：他拿了个“空”瓶子，在朋友们面前晃了几下，然后，他迅速地把一支点着的蜡烛移近瓶子。“啪!”的一声，瓶口吐出了长长的火舌，但立刻又熄灭了。朋友们异常兴奋。原来，这位魔术师在瓶子里早已装满两种无色气体——氢气与空气。氢气与空气混合后燃烧，会发出巨大的声响。起初，普利斯特里只是给朋友们变变魔术而已。可他并没有发现变完魔术后，瓶子里还有一位神秘的“客人”。终于有一天，普利斯特里发现瓶壁上有不少水珠！普利斯特里起初以为自己的瓶子没擦干。于是他用干燥的氢气、干燥的瓶子，一次又一次地试验。最后，终于证明：氢气在空气中燃烧（与氧气化合）后，变成了水。换句话说，水是由氢与氧组成的。后来，不少科学家继续研究证明，一个水分子里，含有两个氢原子和一个氧原子。

最受青睐的饮用水——人造纯水

◎人类身体对饮用水的要求

一般而言，人每天喝水的量至少要与体内的水分消耗量相平衡。人体一天所排出尿量约有1500毫升，再加上从粪便、呼吸过程中或是从皮肤所蒸发的水，总共消耗水分大约是2500毫升，而人体每天能从食物中和体内新陈代谢中补充的水分只有1000毫升左右，因此正常人每天至少需要喝1500毫升水，大约8杯。

很多人往往在口渴时才想起喝水，而且往往是大口吞咽，这种做法也是不对的。喝水太快太急会无形中把很多空气一起吞咽下去，容易引起打嗝或是腹胀，因此最好先将水含在口中，再缓缓喝下，尤其是肠胃虚弱的人，喝水更应该一口一口慢慢喝。

喝水切忌渴了再喝，应在两顿饭期间适量饮水，最好隔一个小时喝一杯。人们还可以根据自己尿液颜色来判断是否需要喝水，一般来说，人的尿液为淡黄色，如果颜色太浅，则可能是水喝得过多，如果颜色偏深，则表示需要多补充一些水了。睡前少喝、睡后多喝也是正确饮水的原则，因为睡前喝太多的水，会造成眼皮浮肿，半夜也会老跑厕所，使睡眠质量不高。而经过一个晚上的睡眠，人体流失的水分约有450毫升，早上起来需要及时补充，因此早上起床后空腹喝水有益血液循环，也能促进大脑清醒，使这一天的思维清晰敏捷。

广角镜

新陈代谢的功能

(1) 从周围环境中获得营养物质；

(2) 将外界引入的营养物质转变为自身需要的结构元件，即大分子的组成前体；

(3) 将结构元件装配成自身的大分子，例如蛋白质、核酸、脂质等；

(4) 分解有机营养物质；

(5) 提供生命活动所需的一切能量。

要多喝开水，不要喝生水。煮开并沸腾3分钟的开水，可以使水中的氯气及一些有害物质被蒸发掉，同时又能保持水中对人体必需的营养物质。喝生水的害处很多，因为自来水中的氯可以和没烧开水中的残留的有机物质相互作用，导致膀胱癌、直肠癌的机会增加。

要喝新鲜开水，不要喝放置时间过长的水。新鲜开水，不但无菌，还含有人体所需的十几种矿物质。但如果时间过长或者饮用自动热水器中隔夜重煮的水，不仅没有了各种矿物质，而且还有可能含有某些有害物质，如亚硝酸盐等。由此引起的亚硝酸盐中毒并不鲜见。

白开水是最好的饮料，白开水不含卡路里，不用消化就能为人体直接吸收利用，一般建议喝30℃以下的温开水最好，这样不会过于刺激肠胃道的蠕动，不易造成血管收缩。

喝水不当会“中毒”，“水中毒”是指长期喝水过量或短时间必须借着尿液和汗液将多余的水分排出，但随着水分的排出，人体内以钠为主的电解质会受到稀释，血液中的盐分会越来越少，吸水能力随之降低，一些水分就会很快被吸收到组织细胞内，使细胞水肿。开始会出现头昏眼花、虚弱无力、心跳加快等症状，严重时甚至会出现痉挛、意识障碍和昏迷。因此有些女孩子想靠超大量喝水减肥的方法是很危险的。

一天当中饮水的4个最佳时间：

第一次：早晨刚起床，此时正是血液缺水状态。

第二次：上午8时至10时左右，可补充工作时间流汗失去的水分。

第三次：下午3时左右，正是喝茶的时刻。

第四次：睡前，睡觉时血液的浓度会增高，如睡前适量饮水会冲淡血液，扩张血管，对身体有好处。

人造纯水

健康的肌体必须保持水分的平衡，人在一天中应该饮用7～8杯水。“一日之计在于晨”，清晨的第一杯水尤其显得重要。也许你已习惯了早上起床后喝一杯水，但你是否审视过，这一杯水到底该怎么喝？

早上起来的第一杯水最好不要喝果汁、可乐、汽水、咖啡、牛奶等饮料。汽水和可乐等碳酸饮料中大都含有柠檬酸，在代谢中会加速钙的排泄，降低血液中钙的含量，长期饮用会导致缺钙。而另一些饮料有利尿作用，清晨饮用非但不能有效补充肌体缺少的水分，还会增加肌体对水的需求，反而造成体内缺水。

因此，应该喝优质饮用水。

优质饮用水的6条标准是：

（1）不含有害人体健康的物理性、化学性和生物性污染。

（2）含有适量的有益于人体健康，并呈离子状态的矿物质（钾、镁、钙等含量在100毫克/升）。

（3）水的分子团小，溶解力和渗透力强。

（4）应呈现弱碱性（pH值为8～9）。

（5）水中含有溶解氧（5毫克/升左右），含有碳酸根离子。

（6）可以迅速、有效地清除体内的酸性代谢产物和各种有害物质。

到目前为止，只有活性离子水能够完全符合以上标准。因此它不仅适合健康人长期饮用，而且也由于它具有明显的调节肠胃功能、调节血脂、抗氧化、抗疲劳和美容作用，也非常适合胃肠病、糖尿病、高血压、冠心病、肾脏病、肥胖、便秘和过敏性疾病等患者辅助治疗。必须注意的是，现在市面上的大多数能产生活性离子水的医疗器械价格非常昂贵，并且一定要在医生指导下使用，否则会给患者带来相反的效果。

你知道吗

碳酸饮料的危害

可乐等碳酸型饮料深受大家的喜爱，尤其是受“年轻一族”和许多孩子们的喜爱。碳酸饮料有多种益处，只要不一次性饮用5升以上，不会对健康产生影响反倒有利于消化道功能，但健康专家提醒，过量地喝碳酸饮料，其中的高磷可能会改变人体的钙、磷比例。研究人员还发现，与不过量饮用碳酸饮料的人相比，过量饮用碳酸饮料的人骨折危险会增加大约3倍；而在体力活动剧烈的同时，再过量地饮用碳酸饮料，其骨折的危险也可能增加5倍。

当你举起茶杯喝水时，可曾想到：水不再是无穷无尽的“天授之物”。随着地球上人口的增加，淡水的过量开采，世界上的水荒正在威胁着人类生存。人类需要有足够的水，而且渴望喝上纯净的水。近年来市场上充斥着各种矿泉水、蒸馏水，最近又出现了“人造纯净水”，每瓶售价2～10元。在夏季众多的饮料中，人们为什么要花高价买一瓶没有什么味道的“白”水呢？我们知道，人口的增加，工业的发达，不但造成水源匮乏，而且生态环境也日益恶化，许多地方的水质在下降。人们在呼唤净化环境，保护水源的同时，目光自然转向清洁的“人造纯净水”上。蒸馏水可算作最早的人造纯净水。上百年来蒸馏水只作为医药部门消毒、配药专用水，而把蒸馏水作为饮料出售，这是近几年来发生的事。普通水经高温蒸发再冷凝而成蒸馏水，在其吸热、放热过程中，消耗大量能源。在能源紧张的今天，蒸馏水还是作为医疗用水好，不宜作为饮水大量生产。矿泉水很受人们欢迎，它一般污染少，且含有一定的微量元素，长期饮用对身体健康有促进作用。

如中国杭州虎跑泉的水泡西湖龙井茶，堪称“中国一绝”。正因为矿泉水水质好，因此国内外出现了开发矿泉水资源热。然而，矿泉水资源毕竟是有限的，满足大多数人饮用是不可能的。矿泉壶的发明，使人们用普通水制取“天然矿泉水”成为现实，所以矿泉壶已开始进入家庭。但矿泉壶的滤芯孔径一般为0.45微米，小于0.45微米的过滤性病毒，大部分化学药物、重金属污染物依然会存在于已过滤的水中；同时矿泉壶只有一个进水口和一个出水口，滤芯用后可能成为新的污染源，影响水质。因此，专家们建议，新型高档矿泉壶应设计有水质检测显示，以使人们放心饮用。与上述两种水相比，现在出现的“人造纯水”可能是最有前途的。人们从淡化处理海水中得到启示来生产这种水。海湾石油诸国，如科威特、沙特阿拉伯等国已用海水淡化的方法为居民提供生活饮用水。

水也会衰老！通常我们只知道动物和植物有衰老的过程，其实水也会衰老，而且衰老的水对人体健康有害。据科研资科表明，水分子是主链状结构，水如果不经常受到撞击，也就是说水不经常处于运动状态，而是静止状态时，这种链状结构就会不断扩大、延伸，就变成俗称的“死水”，这就是衰老了的老化水。现在许多桶装或瓶装的纯净水，从出厂到饮用，中间常常要存放相当长一段时间。桶装或瓶装的饮用水，被静止状态存放超过3天，就会变成衰老了的老化水，就不宜饮用了。

未成年人如常饮用存放时间超过3天的桶装或瓶装水会使细胞的新陈代谢明显减慢，影响生长发育，而中老年人常饮用这类变成老化水的桶装或瓶装水，就会加速衰老。专家研究提出，近年来，许多地区食道癌及胃癌发病率增多，可能与饮用水有关。研究表明，刚被提取的、处于经常运动、撞击状态的深井水，每升仅含亚硝酸盐0.017毫克。但在室温下储存3天，就会上升到0.914毫克，原来不含亚硝酸盐的水，在室温下存放一天后，每升水也会产生亚硝酸盐0.0004毫克，3天后可上升0.11毫克，20天后则高达0.73毫克，而亚硝盐可转变为致癌物亚硝胺。有关专家指出：对桶装水想用则用，不用则长期存放，这种不健康的饮水习惯，对健康无益。

目前在美国，纯水与矿泉水的销售量之比是10000∶1，并已研制出家用小型纯水机，它由微机控制，可根据需要制成纯水、开水、冰水，使用寿命可达 10～20 年以上。据介绍，这种小型纯水机，是用普通水经高压膜过滤，运用“逆透法”原理制成的。所制得水，水质质量较高。我国北京有的厂家也能生产这种纯水，而且口感极佳、清凉爽口。如果小型纯水机在我国也能进入家庭，想必会有很大的市场，人们饮水的质量也会有很大的改善。

死海的故事

◎名称由来

死海湖中及湖岸均富含盐分，在这样的水中，鱼儿和其他水生物都难以生存，水中只有细菌和绿藻没有其他生物；岸边及周围地区也没有花草生长，故人们称之为“死海”。

死海的浮力

基本小知识

细　菌

广义的细菌即为原核生物，是指一大类细胞核无核膜包裹，只存在称作拟核区（或拟核）的裸露 DNA 的原始单细胞生物，包括真细菌和古生菌两大类群。人们通常所说的即为狭义的细菌，狭义的细菌为原核微生物的一类，是一类形状细短，结构简单，多以二分裂方式进行繁殖的原核生物，是在自然界分布最广、个体数量最多的有机体，是大自然物质循环的主要参与者。

◎ 地理位置及水域规模

死海是一个内陆盐湖，位于巴勒斯坦和约旦之间的约旦谷地。西岸为犹太山地，东岸为外约旦高原。约旦河从北注入。约旦河每年向死海注入 5.4 亿立方米水，另外还有 4 条不大但常年有水的河流从东面注入，由于夏季蒸发量大，冬季又有水注入，所以死海水位具有季节性变化，水位升降 30～60 厘米不等。

死海长 80 千米，最宽处为 18 千米，表面积约 1020 平方千米，平均深 300 米，最深处 415 米。湖东的利桑半岛将该湖划分为两个大小深浅不同的湖盆，北面的面积占 3/4，深 415 米，南面平均深度不到 3 米。无出口，进水主要靠约旦河，进水量大致与蒸发量相等，为世界上盐度最高的天然水体之一。

死海的地理位置

◎ 气候特征

死海位于沙漠中，降雨极少且不规则。利桑半岛年降雨量为 65 毫米。冬季气候温暖，夏季炎热。湖水年蒸发量平均为 1400 毫米，因此湖面往往形成浓雾。湖面水位有季节性变化，在 30～60 厘米之间。湖水上层水温 19℃～37℃，盐度低于 300‰，富含硫酸盐与碳酸氢盐。底层水温 22℃，盐度 332‰，富含硫化物、镁、钾、氯、溴；其底部饱含钠与氯化物。南岸塞杜姆有化工厂及盐场。

据说死海冬无冰冻，夏季又非常炎热，造成湖水每年蒸发约 1400 毫米，湖面上常常是雾气腾腾。

死海地区的气温太高，致使从约旦河流入死海的几乎所有的水（每天 40～65 亿升）都干涸了，留下了更多的盐。

拓展阅读

硫化物的分类

无机化学中，硫化物指电正性较强的金属或非金属与硫形成的一类化合物。大多数金属硫化物都可看作氢硫酸的盐。由于氢硫酸是二元弱酸，因此硫化物可分为酸式盐（HS，氢硫化物）、正盐（S）和多硫化物（Sn）三类。

有机化学中，硫化物（英文：Sulfide）指含有二价硫的有机化合物。根据具体情况的不同，有机硫化物可包括：硫醚（R－S－R）、硫酚/硫醇（Ar/R－SH）、硫醛（R－CSH）、硫代羧酸和二硫化物（R－S－S－R）等。

◎ 独特的海水

死海水含盐量极高，且越到湖底越高，是普通海洋含盐分的10倍。最深处有湖水已经化石化（一般海水含盐量为35‰，而死海的含盐量在230‰～250‰。表层水中的盐分每公升达227～275克，深层水中达327克。）。由于盐水浓度高，游泳者极易浮起。湖中除细菌外没有其他动植物。涨潮时从约旦河或其他小河中游来的鱼立即死亡。岸边植物也主要是适应盐碱地的盐生植物。死海是很大的盐储藏地。死海湖岸荒芜，固定居民点很少，偶见小片耕地和疗养地等。

据估计，死海的总含盐量约有130亿吨。但近年来科学家们发现，死海湖底的沉积物中仍有绿藻和细菌存在。

湖水呈深蓝色，非常平静，富含盐类的水使人不会下沉或无法游泳。把一只手臂放入水中，另一只手臂或腿便会浮起。如果要将自己浸入水中，则应将背逐渐倾斜，直到处于平躺状态。

◎ 死海的成因

死海水中含有很多矿物质，水分不断蒸发，矿物质沉淀下来，经年累月而成为今天最咸的咸水湖。人类对大自然奇迹的认识经历了漫长的过程，最后依靠科学才揭开了大自然的秘密。死海的形成，是由于流入死海的河水，不断蒸发、矿物质大量下沉的自然条件造成的。那么，为什么会造成这种情况呢？原因主要有两条。其一，死海一带气温很高，夏季平均可达 34℃，最高达 51℃，冬季也有 14~17℃。气温越高，蒸发量就越大。其二，这里干燥少雨，年均降雨量只有 50 毫米，而蒸发量是 140 毫米左右。晴天多，日照强，雨水少，补充的水量，微乎其微，死海变得越来越“稠”——入不敷出，沉淀在湖底的矿物质越来越多，咸度越来越大。于是，经年累月，便形成了世界上最咸的咸水湖——死海。死海是内流湖，因此，它唯一外流就是蒸发作用，而约旦河是唯一注入死海的河流，水面流入的水没有蒸发量大，更由于近年来约旦和以色列向约旦河取水供应灌溉及用于生活，死海水位将会不断降低。

◎死海中的生物

死海是位于西南亚的著名大咸湖，湖面低于地中海海面 392 米，是世界最低洼处，因温度高、蒸发强烈、含盐度高，达 25%~30%，据称除个别的微生物外，水生植物和鱼类等生物不能生存，故得死海之名。当滚滚洪水流来之期，约旦河及其他溪流中的鱼虾被冲入死海，由于含盐量太高，水中又严重的缺氧，这些鱼虾必死无疑。

那么死海真的就没有生物存在了吗？美国和以色列的科学家，通过研究终于揭开了这个谜底：就在这种最咸的水中，仍有几种细菌和一种海藻生存其间。原来，死海中有一种叫做“盒状嗜盐细菌”的微生物，具备防止盐侵害的独特蛋白质。

众所周知，通常蛋白质必须置于溶液中，若离开溶液就要沉淀，形成机能失调的沉淀物。因此，高浓度的盐分，可对多数蛋白质产生脱水效应。而“盒状嗜盐细菌”具有的这种蛋白质，在高浓度盐分的情况下，不会脱水，能够继续生存。

嗜盐细菌蛋白又叫铁氧化还原蛋白。美国生物学家梅纳切姆·肖哈姆，和几位以色列学者一起，运用 X 射线晶体学原理，找出了“盒状嗜盐细菌”的分子结构。这种特殊蛋白呈咖啡杯状，其“柄”上所含带负电的氨基酸结构单元，对一端带正电而另一端带负电的水分子具有特殊的吸引力。所以，能够从盐分很高的死海海水中夺走水分子，使蛋白质依然逗留在溶液里，这样，死海有生物存在就不足为奇了。

参加这项研究的几位科学家认为，揭开死海有生物存在之谜，具有很重要的意义。在未来，类似氨基酸的程序，有朝一日移植给不耐盐的蛋白质后，就可使不耐盐的其他蛋白质，在缺乏淡水的条件下，在海水中也能继续存在，因此这种工艺可望有广阔的前景。

基本小知识

氨基酸

氨基酸（amino acid）：含有氨基和羧基的一类有机化合物的通称。生物功能大分子蛋白质的基本组成单位，是构成动物营养所需蛋白质的基本物质。是含有一个碱性氨基和一个酸性羧基的有机化合物。氨基连在α－碳上的为α－氨基酸。天然氨基酸均为α－氨基酸。

◎下死海“危险”

它的海水比大洋的海水咸10倍，海水溅入眼睛可不是好玩的事情。因此，到死海游泳可千万不能扑通一声跳下去。会游不见得会浮。不少人以为死海浮力大，人沉不下去，因此可以随心所欲地戏水。其实不然，在死海漂浮切忌动作过大而弄出水花溅进眼睛。关键是海水太浓，哪怕有一小滴进入眼睛，都会难受得要命。有经验的人都带上一瓶淡水放在岸边，以便用来及时冲洗。有人不小心喝了一口，结果胃里难受了好几天，想吐也吐不出来。岸边的结晶体坚硬带刺状，很容易划破皮肤。进入死海，平时微小到你自己根本察觉不到的细小挠破处马上就有灼热感，真如同“伤口上撒盐”，不过经过死海盐浴后伤口好得快。另外，大部分死海海滩都是颗粒较大的鹅卵石沙滩，不常打赤脚走路的人，在沙滩上站起来甚至走一步都感到脚底疼痛难忍。

◎死海神奇的功效

死海中虽然没有任何水中动植物，但对人类的照顾却是无微不至的，因为它会让不会游泳的人在海中游泳。任何人掉入死海，都会被海水的浮力托住，这是因为死海中的水的比重是1.17～1.227，而人体的比重只有1.02～

1.097，水的比重超过了人体的比重，所以人就不会沉下去。旅行社的导游们拍下了一幅幅令人不可思议的照片：游客们悠闲地仰卧在海面上，一只手拿着遮阳的彩色伞，另一只手拿着一本画报在阅读，随波漂浮。

死海的海水不但含盐量高，而且富含矿物质，常在海水中浸泡，可以治疗关节炎等慢性疾病。因此，每年都吸引了数十万游客来此休假疗养。

死海海底的黑泥含有丰富的矿物质，成为市场上抢手的护肤美容品。以色列在死海边开设了几十家美容疗养院，将疗养者浑身上下涂满黑泥，只露出两只眼睛和嘴唇。富含矿物质的死海黑泥，由于健身美容的特殊功效，成为以色列和约旦两国宝贵的出口产品。死海是世界上最早的疗养圣地（从希律王时期开始），湖中大量的矿物质具有一定安抚、镇痛的效果。

成千上万的人从世界各地来到死海以求恢复他们的精力和健康。死海神奇的功效来自以下几个方面：

▲阳光

太阳在一年里几乎每一天都照射着死海。由于该地区在海平面之下，因此阳光要穿过特别的大气层，穿过由于海水蒸发而带来的化学元素形成的天然滤光网以及厚厚的臭氧层。这样就阻挡了部分紫外线，人们可以在这里放心地长时间晒太阳。

▲矿物质丰富的大气

海水蒸发后留下一批独特的氧化盐——镁、钠、钾、钙和溴。溴以其具有镇静疗效而闻名，它在死海周围空气中的密度比在地球其他任何地方高出20倍。

▲矿物质温泉

富含高浓度的盐和硫化氢。死海泥含有大量的硫化物和矿物质。它能很好地保温，清洁皮肤，减轻关节痛。

▲温度和湿度

干燥的暖空气、连续不断的高温和稀少的雨量。

▲高气压

死海是地球上气压最高的地方。空气中含有大量的氧，让人感到呼吸自在。

▲花粉少

气候干燥，植物稀少，没有过敏源。

◎死海在慢慢死亡

死海是世界上盐度最高（23% ~30%）的天然水体之一。1947 年，死海长达 80 千米，宽 16 ~ 18 千米，到目前为止，长不过 55 千米，宽 14 ~ 16 千米。死海面积已从 1947 年（即在以色列建国前）的 1031 平方千米下降到了 21 世纪初的 683 平方千米，这就是说，在 50 年期间，死海面积减少了近 30%，因此，预计死海最终将在 100 年内逐渐干涸。死海渐渐死亡的原因是：从 60 年代中期以来，以色列截流或分流哺育死海的约旦河及贾卢德河、法里阿河、奥贾河、扎尔卡河和耶尔穆克河的河水，致使流入死海的河流水量剧减，造成了死海面积的减少。近 50 年以来，死海湖面下降了约 17 米。使死海走向死亡的另一个原因是由于日光照射使湖水温度升高，从而导致湖水蒸发量加大，特别是在夏季，死海湖水的蒸发量是世界最大的。同时，死海缓慢死亡的原因还归咎于沿岸国对死海东西岸诸如钾、锰、氯化钠等自然资源的过量开采。以色列食盐的开采量比约旦多4 倍。目前，死海的南湖已完全消失，只剩下北湖了。为了制止死海的死亡，约旦决定建立一些补救项目。预计，将在死海和亚喀巴湾之间修建一条运河，以补充死海丢失的水分。死海是世界上自然资源最富有的地区之一，它拥有丰富的氯化钠、氯酸钾、氯化镁等资源。同时，它还蕴藏着石油，以色列和约旦正在死海湖底进行石油勘探的活动。

你知道吗

氯化钠的作用和用途

在无机物和有机物工业中，用作制造氯气、氢气、盐酸、纯碱、烧碱、氯酸盐、次氯酸盐、漂白粉、金属钠的原料、冷冻系统的致冷剂，有机合成的原料和盐析药剂。在钢铁工业中用作热处理剂。高度精制的氯化钠可用作生理盐水。在食品工业、日常生活中，用于调味等。在高温热源中与氯化钾、氯化钡等配成盐浴，可作为加热介质，使温度维持在 820℃ ~960℃之间。此外，还用于玻璃、染料、冶金等工业。

美丽的“水中花园”

你一定看过表现海底景色的电影吧！

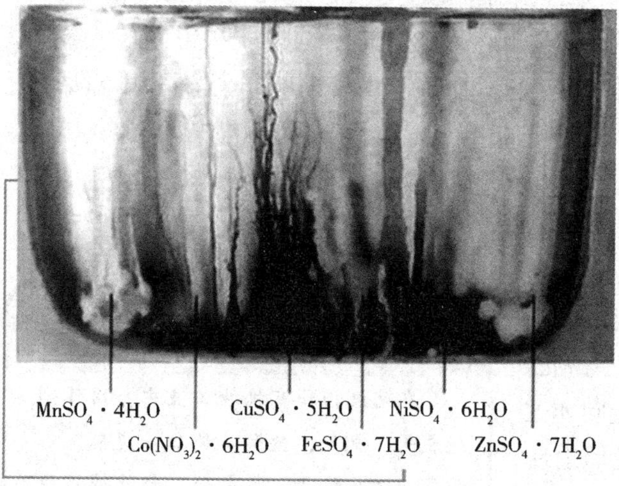

水中花园

在那蔚蓝色的大海里，在那静静的铺满岩石的海底，生长着五颜六色、千姿百态的海草和海藻，还有那美丽的珊瑚。无数的鱼、虾享受着幽静而美丽的花园。你是否希望拥有这样一座花园呢？现在，我可以为你提供一座同样美丽的化学“水中花园”。先准备一只长方形的玻璃水缸，在玻璃水缸底上铺一层洗净的砂子和白色的小石子，然后在玻璃缸中加满 20% 硅酸钠溶液。硅酸钠也叫水玻璃，它是一种很普通的化工原料，可以作黏合剂，也可以做填充剂。买来的硅酸钠都很浓，要用水冲稀了再用。如果配好 20% 硅酸钠溶液以后，发现溶液有点浑浊，最好用滤纸把硅酸钠溶液过滤以后再用。然后把盛满硅酸钠溶液的水缸放在稳定的桌子上，千万别使水缸受到震动，因为“化学花园”最怕发生“地震”，一经震动，“化学花园”中的各种花草树木脆弱的身体就会夭折，变成一片荒芜了。

水中花园

除此之外，还要准备一些氯化铜、氧化锰、氯化钴、三氯化铁、硫酸镍、氯化锌和氯化钙固体。当然还可以准备其他金属的盐。实际上，很多金属的盐类都能与硅酸钠作用生成不同颜色的硅酸盐。所用固体的大小应该和黄豆差不多，每一种固体要多准备几粒。然后，把这些黄豆粒大小的固体分别一一投入水缸中。投入固体时，一定要特别小心，必须让每颗固体在水缸底部各占一位，不能混在一起，否则这座小花园就会变得乱糟糟的。金属盐与硅酸钠的反应很慢，需要半个小时以上，你会看到，慢慢地、慢慢地向上生长着各种颜色的硅酸盐：硅酸铜和硅酸镍像绿色的小树丛；硅酸钴像蓝色的海草；硅酸钙又像白色和粉红色的钟乳石柱。总之，“水中花园”的景色十分美丽，让你感到像是置身于海底之中。

黑兽口湖之谜

把一种不饱和盐溶液放在烧杯里加热蒸发，会变成饱和溶液；把这饱和盐溶液再进行冷却，它又会析出晶体。人们利用物质的这一性质，可以进行结晶和重结晶提纯。可不要以为只有人才能进行这种操作，大自然有时也能进行这种过程！在里海附近的沙漠里，有一个听起来就让人毛骨悚然的湖——黑兽口湖。

这个湖通过一条狭窄的通道与里海相连，并从这儿哗哗地吞饮着里海的海水。里海的鱼如果随水进入湖中，会很快翻过肚皮，在痛苦的挣扎中慢慢地死去。就是里海里漂来的木头，在黑兽口湖中也会被抬高很多，逐渐被波浪推上湖岸。黑兽口那令人生畏的名字，使很多人闻而却步。然而当勇敢者真的驾船闯入黑兽口湖的时候，这湖竟令人难以置信的仁慈：一位热极了的厨师跳进湖里游泳去了！大家无不为他捏一把冷汗。然而，谁也想不到这位胖胖的大师傅，在这里竟成了花样游泳家——他仰卧着，两脚高高地露出水面。他要潜泳沉到水里去吓一吓笑得前仰后合的伙伴，但他用尽全力也潜不下去。这里的水好像比哪儿的水都沉重浓厚，使他可以在上面随意戏耍玩笑，却就是不准他潜入水中。难道是黑兽在保护它湖底的珍宝么？湖底也确实是有珍宝的，得到它也并不困难。只要你在冬天时再来就行了。那时湖水会通过波浪将宝奉献，使你俯拾即得。若是夏天来，那就对不起得很，尽情在湖面上游泳是可以的，但进湖取宝便一概拒之门外。黑兽口湖会季节性献宝的规律很快被人掌握了。人们开始顺从它：冬天时用耙子耙起它献的宝贝；夏天时则由着它喝海水，进行“休养生息”。

到后来，人们逐渐配备了更齐全的船和工具，使它能在一年中更长的时间里向人献宝。这宝贝是什么呢？说来平常，只是一种白色块状固体，乍看上去，很像食盐。但它不是食盐！你若只看外表相像就抓一把放在饭菜里，就糟了。那不但会使吃菜人叫苦不迭，而且还会使他们频上厕所，大泻不止。其实，他们吃下去的就是一种泻药，只不过不是正牌泻盐硫酸镁（全名为七水硫酸镁，分子式 $MgSO_4 \cdot 7H_2O$），而是另一种同样常被医生开在处方中的盐类泻药——芒硝（学名十水硫酸钠，分子式 $Na_2SO_4 \cdot 10H_2O$）。在很多年前中医就以芒硝、朴硝、皮硝等作为泻火解毒的药剂，写在药方里，论“资格”也许比硫酸镁要老得多哩！黑兽口湖一直是前苏联的一个重要芒硝产地，黑兽口湖中的芒硝是它特殊的地质地理条件形成的。

拓展阅读

结晶的方法

晶体在溶液中形成的过程称为结晶。结晶的方法一般有两种：一种是蒸发溶剂法，它适用于温度对溶解度影响不大的物质。沿海地区“晒盐”就是利用这种方法。另一种是冷却热饱和溶液法，此法适用于温度升高，溶解度也增加的物质。如北方地区的盐湖，夏天温度高，湖面上无晶体出现；每到冬季，气温降低，石碱（$Na_2CO_3 \cdot 10H_2O$）、芒硝（$Na_2SO_4 \cdot 10H_2O$）等物质就从盐湖里析出来。在实验室里为获得较大的完整晶体，常使用缓慢降低温度，减慢结晶速率的方法。

虽然黑兽口湖从里海海水中吞进的食盐也不少，但它在很长的时间里却只析出芒硝而不析出食盐。直到后来，里海海面不知为什么下降了，通过通道进入湖中的海水少了，它才改变了只析出纯芒硝而不析食盐的脾气。我们在学过地理之后又学了化学里溶液、溶解度等知识，那么，能不能学以致用，运用下面这些情况、数据，解释黑兽口湖为什么吞水不止？为什么杀鱼而不杀人？为什么有季节性献宝习性？为什么优先析出芒硝而不析出食盐呢？地理情况：黑兽口湖水面较里海低，而且周围尽是沙漠，黑兽口湖本身很浅但面积很广。气候情况：黑兽口湖一带冬夏两季温差很大，夏季气温很高，冬天则接近 0℃。

溶解度曲线在 0℃ ~32.4℃范围呈较陡的上升曲线。答案：①因周围是大沙漠，所以特干燥，使黑兽口湖像加热的烧杯一样，把溶剂（水）不断蒸发；芒硝和食盐浓度不断增大，乃至饱和。②这里夏季很热，冬天较冷，湖中已饱和的海水随季节降温，使溶质过饱和而析晶。③因芒硝溶解度曲线较陡，所以在降温中大量析晶；而食盐溶解度曲线很平，所以析晶相对较少而不显。

知识小链接

溶解度

（1）固体物质的溶解度是指在一定的温度下，某固体物质在 100 克溶剂里（通常为水）达到饱和状态时所能溶解的质量（在一定温度下，100 克溶剂里溶解某物质的最大量），用字母 S 表示，其单位是“g”。在未注明的情况下，通常溶解度指的是物质在水里的溶解度。

（2）气体的溶解度通常指的是该气体（其压强为 1 标准大气压）在一定温度时溶解在 1 体积水里的体积数。也常用“g/100g 溶剂”作单位（自然也可用体积）。

（3）溶解度的单位是克（或者是克/100 克溶剂）而不是没有单位。

地球最迷人的七大温泉

当地下水激烈运动，冲出地壳，便形成了温泉。有些是在 2000 万和 4500 万年前剧烈火山活动形成，最高温度可达 350℃。它们遍布地球的各个角落，每个大陆上，甚至在海洋中都有分布。下面就让我们走进地球上最著名的 7 大温泉。

1. 大棱镜温泉：美国最大的温泉

位于黄石国家公园的大棱镜温泉，又称大虹彩温泉，是美国最大，世界第三大的温泉。它宽约 75 至 91 米，49 米深，每分钟大约会涌出 2000 公升，温度为 71℃ 左右的地下水。大棱镜温泉的美在于湖面的颜色随季节而改变，春季，湖面从绿色变为灿烂的橙红色，这是由于富含矿物质的水体中生活着的藻类和含色素的细菌等微生物，它们体内的叶绿素和类胡萝卜素的比例会随季节变换而改变，于是水体也就呈现出不同的色彩。在夏季，叶绿素含量相对较低，显现橙色、红色，或黄色。但到了冬季，由于缺乏光照，这些微生物就会产生更多的叶绿素来抑制类胡萝卜素的颜色，于是就看到水体呈现深绿色。

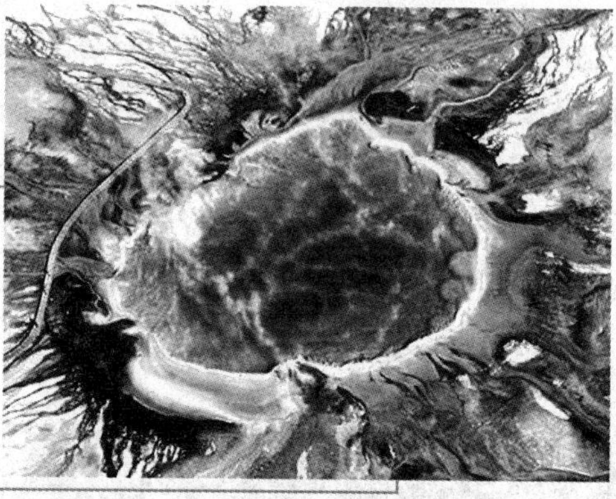

大棱镜温泉

2. 猛犸温泉：世界最大的碳酸盐沉积温泉

同样位于美国黄石公园的猛犸温泉，是世界上已探明的最大的碳酸盐沉积温泉。它最显著的特点当属米涅瓦阶地，那是几千年来冷却沉淀的温泉水所形成的一连串阶地。

形成阶地一大要素就是碳酸钙。几百万年前马姆莫斯地区底部的海水，为这里留下了厚质的沉淀性石灰石。当高温的酸性溶液流经岩石层到达温泉表面的过程中，它溶解了大量的沉淀性石灰石。一遇到空气，溶液中的部分二氧化碳就会从溶液中挥发。同时固体矿物质形成并最终以石灰华形式沉淀，就形成了阶地。

猛犸温泉

3. 血池温泉：地狱的召唤

血池温泉是日本别府知名的“地狱”温泉。其壮观的景象使得慕名前来的人们驻足欣赏，忘记此处乃是洗浴场所。从图上不难发现它的奇特之处，那就是泛着血红色的泉水，好似想象中地狱的景象，而这种红色全得益于水体中富含的铁元素。

血池温泉

蓝　湖

4. 蓝湖：冰岛的疗养圣地

冰岛西南部，距离首都雷克雅未克大约 39 千米的蓝湖地热温泉，是冰岛最大的旅游景点之一。蓝湖所在地是地球上地下岩浆活动最为频繁的区域之一，这种活动加热了蓝湖，使得水体蒸腾。地面附近的熔岩流加热的水蒸汽用于推动涡轮机发电，经过了涡轮机的蒸汽变成热水，经过换热器又为市政热水供暖系统提供热量，可谓一举多得。

基本小知识

熔　岩

熔岩是指喷出地表的岩浆，也用来表示熔岩冷却后形成的岩石。

熔岩在熔融状态下的流动性随二氧化硅的增加而减弱，基性熔岩黏度小易于流动，酸性熔岩则不易流动。由于熔岩化学成分的不同或火山环境的差异，熔岩有多种表现形式。

另外熔岩也指火山岩的一类，与火山碎屑岩相对。熔岩指火山岩中由液态熔浆固结而成的那一类。

蓝湖洗浴和游泳的礁湖地区水温平均在40℃左右，水体有丰富矿物质，如硅和硫，在蓝湖泡温泉，可以帮助治疗一些皮肤疾病，如牛皮癣等。

地狱谷温泉

5. 格伦伍德温泉：世界最大的天然温泉游泳池

格伦伍德温泉位于美国科罗拉多州，是世界上最大的天然温泉游泳池，地下涌出的泉水流速为143公升/秒。您可以泡在40℃左右的富含盐类矿物的治疗池中舒缓工作的疲惫，或在水温为36℃的游泳池中畅游一番，都会有不错的感受。

6. 地狱谷温泉：日本雪猴的疗养院

地狱谷温泉因居住在此的日本雪猴而出名，同人一样，它们也喜欢泡温泉，当地拥有全球唯一一处猴子专用的温泉。

相传现在的地狱谷野猿公苑，起源于上信越高原国立公园——志贺高原的横汤川的溪谷中，因当地悬崖陡峭，到处升腾着温泉热气，古代人看到这种光景便称其为“地狱谷”，却没料到现在反而成了野生猴子的泡汤天堂。

广角镜

温泉的形成条件

温泉（hot spring）是泉水的一种，是一种由地下自然涌出的泉水，其水温高于环境年平均温5℃，或华氏10 ℉以上。可以洗澡、煮水饺、涮羊肉。形成温泉必须具备地底有热源存在、岩层中有裂隙让温泉涌出、地层中有储存热水的空间三个条件。

7. 德尔达图赫菲温泉：欧洲流速最快的温泉

瑞克霍斯达鲁市的德尔达图赫菲是冰岛最大的温泉，水温最高达97℃。同时它也以水流速度快而出名，达180公升/秒，是欧洲水流速度最快的温泉。它的一部分水，用于向34千米外的波加内斯和64千米外的阿克兰斯两市供热。

神奇的泉水

在英国普利茅斯的乡下有一眼神奇的泉水。它曾经治好了许多奇怪的病人。有一个小伙子不知什么时候患上了一种怪病，整天处于虚幻的想象之中，常常兴奋地说个不停，手舞足蹈，狂笑不止，找遍了当地的医生都无济于事。最后。他的父母听从一个外地商人的劝告，带着病态的儿子来到普利茅斯，找到神泉。连续喝了几十天的泉水，年轻人的病好了，异常的平静，再也不到处瞎胡闹了。于是神泉的名声逐渐地大了，这引来许多好奇的人的关注，其中包括一些化学家和药物学家。

后来，澳大利亚的精神病学家卡特发现，这些泉水里含有一种元素锂。锂的化合物，特别是碳酸锂，可以治疗某些精神病——癫狂症，精神压抑症。患有这种精神病的人过分兴奋和过分压抑交替发生，发病往往很突然。

在寻找癫狂症——精神压抑症病因的过程中，卡特发现，由于甲状腺的过分活化或者过分不活化，会引起这种精神失调症。他想，一种存在于尿中的物质可能是造成癫狂症和精神压抑症的主要原因。于是他将某些癫狂病人的尿的试样有控制地注射到几内亚猪的腹腔中去，猪果然中毒了。选用溶解度大的尿酸盐代替尿酸做实验，卡特意外地发现，注射尿酸锂溶液后，中毒机率大大下降。说明锂离子可以抵御尿酸产生的毒性。他进一步用碳酸锂代替尿酸锂，试验有力地证明了锂

你知道吗

目前已知化合物的数量

物质世界是多姿多彩的，从古代最原始的分类（金、木、水、火、土）到目前有确定组成的几十万种化合物，每年还有大量新的化合物被发现。

目前已知的化合物的数量究竟有多少？各方面的统计不太一致。比较公认的是美国《化学文摘》编辑部的统计：已发现天然存在的化合物和人工合成的化合物，大约有三百多万种。这些化合物有的是由两种元素组成的，有的是由三种、四种以至更多的化学元素组成的。每年依然有新合成的化合物数量达 30 余万，其中 90% 以上是有机化合物。

盐具有治疗癫狂症和精神压抑症的作用。用大量的0.5%碳酸锂水溶液对几内亚猪进行注射后，经过两小时，猪变得毫无生气，感觉迟钝，再用其他药物才能使它恢复正常活力。

锂 盐

1948年，卡特开始把成果运用于临床。用碳酸锂治疗到他那儿来求医的精神病人。取得成功的典型例子是一位51岁的患者。他处在慢性癫狂式的兴奋状态足足5年了。他不肯休息、胡闹、捣乱，经常妨碍别人，因此成为长期被监护对象。经过3周的锂化合物疗治，他开始安定下来，继续服用两个月的锂药剂，就完全康复了，并且很快回到原来的工作岗位。

这样，人类终于解开了那神奇的能治好“中邪”病人的泉水之谜。从1949年以来，锂盐可以帮助数以十万计的癫狂症——精神压抑症病人从痛苦中解脱出来，制药厂开始大量制造碳酸锂。

今天，虽然锂的作用机理还有待进一步探讨，但它惊人的治疗效果是得到公认的。精神病素以难治出名，而伟大的卡特仅用一种简单的无机化合物就解除了千千万万人的痛苦，这是化学史上、医学史上的一个奇迹！同时，我们也应该认识到对民间一些神秘的东西我们不应该一味地否定，斥之为迷信。我们应该对它加以科学的解释，不能解释的留给后人去揭开其神秘的面纱，这才是科学的态度。

广角镜

碳酸锂的危险性

健康危害：误服中毒后，主要损及胃肠道、心脏、肾脏和神经系统。中毒表现有恶心、呕吐、腹泻、头痛、头晕、嗜睡、视力障碍、口唇、四肢震颤、抽搐和昏迷等。

环境危害：对环境可能有危害，对水体可造成污染。

燃爆危险：该品不燃。

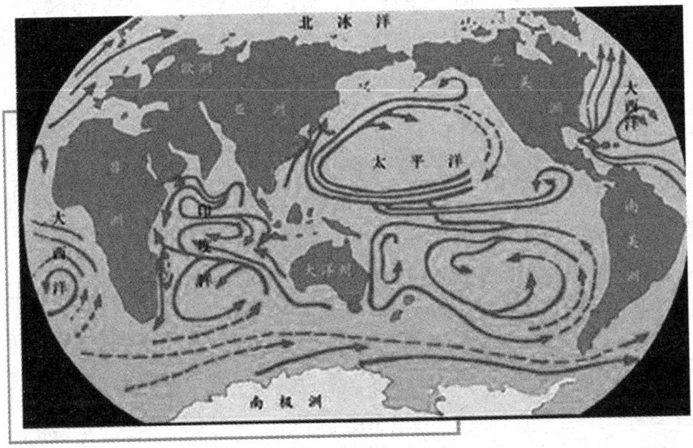

海洋分布图

海洋探宝——化学家的新天地

海洋是连绵不绝的盐水水域，分布于地表的巨大盆地中。面积约 3.62 亿平方千米，大约占地球表面积的 70.9%。海洋中含有 13.5 亿立方千米的水，约占地球上总水量的 97.5%。全球海洋一般被分为数个大洋和面积较小的海。四个主要的大洋为太平洋、大西洋、印度洋和北冰洋（有科学家又加上第五大洋，即南极洲附近的海域），大部分以陆地和海底地形线为界。

基本小知识

世界上最小的大洋——北冰洋

北冰洋大致以北极圈为中心，位于地球的最北端，被欧洲大陆和北美大陆环抱着，有狭窄的白令海峡与太平洋相通；通过格陵兰海和许多海峡与大西洋相连，是世界大洋中最小的一个，面积仅为 1500 万平方千米，不到太平洋的十分之一。它的深度为 1097 米，最深为 5499 米。古希腊曾把它叫做“正对大熊星座的海洋”。1650 年，荷兰探险家 W. 巴伦支，把它划为独立大洋，叫大北洋。1845 年，英国伦敦地理学会命名，经汉文翻译为北冰洋。

海洋中含有大量矿物资源、能源资源、植物资源、动物资源，是人类的巨大物质财富。随着科学技术水平的提高，不断向海洋的深度、广度进军，海洋化学也得到了蓬勃发展。

从海水中所含的化学元素种类来看，目前已测知的就达27种。它们的含量差别较大。根据含量多少，大体上分为三类：每升海水中含有1～100毫克的元素叫微量元素；每升海水中含100毫克以上的元素，叫常量元素；每升海水中含有1毫克以下的元素叫痕量元素。尽管是痕量元素，由于海水量极大，其总储量仍然相当可观，如铀在海水中的浓度是0.003毫克/升，但它的总储量却有40多亿吨，是陆地已知储量的大约4000倍以上。海水中微量元素有60多种，如锂（Li）有2500亿吨，它是热核反应中的重要材料之一，也是制造特种合金的原料；铷（Rb）有1800亿吨，它可以制造光电池和真空管；碘（I）有800亿吨，它可以用于医药，常用的碘酒就是用碘制成的。化学家们对海洋中包含的矿藏非常感兴趣，努力寻找有效的方法提取它们。

海水中化学物质提取是有无限前景的新兴产业。溶解于海水的3.5%的矿物质是自然界给人类的巨大财富。不少发达国家已在这方面获取了很大利益。我国对海水化学元素的提取，目前形成规模的有钾、镁、溴、氯、钠、硫酸盐等。从1立方英里海水中得到的食盐，足够全世界人们好几年的需用，同时利用食盐还可以大力发展盐化工业，生产烧碱、纯碱、氯气等重要化工产品。镁在航空航天领域中应用非常广泛。大部分金属镁来自于海水，具体生产方法是将海水与石灰混合，使其发生反应生成氢氧化镁，进而从氢氧化镁制得镁。由454千克海水，大约就可制得454克镁。溴用于医药、染料、照像等，多数溴也是从海水中提取的。它是用硫酸和氯气处理海水得到的。先分离出溴，再将空气通入溴水中，溴蒸汽就产生出来。454吨海水中约可得到31.78千克溴。我国是世界海盐第一生产大国，年产量近2000万吨；目前，我国还处在盐碱工业向海洋化工工业的过渡阶段，经过“八五”、“九五”技术攻关，直接从海水中提取化学物质的产业正在我国逐步形成。全球数量巨大的海水，其体积为13.5亿立方千米，约137亿亿吨。

特别值得指出的是，躺在海洋底部大量的锰结核，含有铁、锰、铜、钴、镍等20多种宝贵的元素。这种锰结核颜色与外形像“炸肉丸子”，可以直接打捞。它在整个海底的储藏量约 15 000 亿吨。更可贵的是这种“矿瘤”每年还会增长。锰结核中所含的金属量是陆地上的几十倍甚至上千倍。例如，钼含量 8.8 亿吨，是陆地上钼的总储量的 40 倍；钴的含量 58 亿吨，是陆地上总含量的 280 倍。这一批巨大的稀世珍宝，正等待着人们去开发利用。

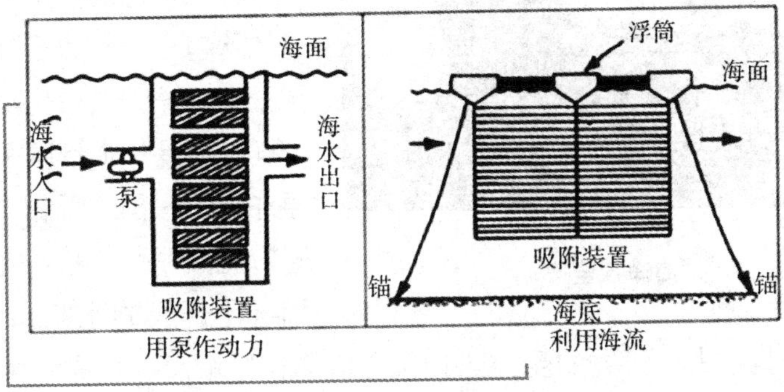

吸附法海水提铀示意图

铀是高能量的核燃料，1 千克铀可提供的能量相当于 2250 吨优质煤。然而陆地上铀矿的分布极不均匀，并非所有国家都拥有铀矿，全世界的铀矿总储量也不过 2×10^6 吨左右。但是，在巨大的海水水体中，含有丰富的铀矿资源，总量超过 4×10^9 吨，约相当于陆地总储量的 2000 倍。

海水提铀的方法很多，目前最为有效的是吸附法。氢氧化钛有吸附铀的性能。利用这一类吸附剂做成吸附器就能够进行海水提铀。现在海水提铀已从基础研究转向开发应用研究。日本已建成年产 10 千克铀的中试工厂，一些沿海国家亦计划建造百吨级或千吨级铀工业规模的海水提铀厂。如果将来海水中的铀能全部提取

> **广角镜**
>
> **重水的发现过程**
>
> 1931 年美国 H. C. 尤里和 F. G. 布里克维德在液氢中发现氘；1933 年美国 G. N. 路易斯和 R. T. 麦克唐南利用减容电解法得到 0.5 毫升重水，纯度为 65.7%，再经电解，得 0.1 克接近纯的重水。1934 年，挪威利用廉价的水力发电，建立了世界上第一座重水生产工厂。

出来，所含的裂变能相当于 1×10^{16} 吨优质煤，比地球上目前已探明的全部煤炭储量还多 1000 倍。

海洋探宝

重水也是原子能反应堆的减速剂和传热介质，也是制造氢弹的原料，海水中含有 2×10^{14} 吨重水，氘是氢的同位素。氘的原子核除包含一个质子外，比氢多了一个中子。氘的化学性质与氢一样，但是一个氘原子比一个氢原子重一倍，所以叫做“重氢”。氢二氧一化合成水，重氢和氧化合成的水叫做“重水”。如果人类一直致力于研究的受控热核聚变问题得以解决，从海水中大规模提取重水一旦实现，海洋就能为人类提供取之不尽、用之不竭的能源。蕴藏在海水中的氘有 50 亿吨，足够人类用上千万亿年。实际上就是说，人类持续发展的能源问题一劳永逸地解决了。

据估计，世界石油的总蕴藏量约为 3000 亿吨，而海洋中占有 45%；已探明的世界天然气储量是 85 000 亿～86 000 亿立方米，海洋中占三分之一。因此，近 20 年来，世界许多国家都争先恐后地对大陆架的石油和天然气进行积极的勘探和开采。我国在这方面虽然起步较晚，但已取得了很大成绩。

可想而知，随着人类生活日益增长的需要和科学技术的进步，今后海洋水域工业将有很大的发展。海洋化学是一门极为重要的科学，有着广阔的发展前途。经济学家预言：21 世纪将是海洋的世纪。“海洋水产生产农牧化”、“蓝色革命计划”和“海水农业”构成未来海洋农业发展的主要方向。

随着科技的进步和时代的发展，一个开发海洋的新时代已经来临。

◎海洋水产生产农牧化

就是通过人为地改造海洋环境，以创造经济生物生长发育所需的良好环境条件，同时也对生物本身进行必要的改造，以提高它们的质量和产量。具体做法就是建立育苗厂、养殖场、增殖站，进行人工育苗、养殖、增殖和放流，使海洋成为鱼、虾、贝、藻的农牧场。中国目前已是世界第一海水养殖大国。随着海洋生物技术在育种、育苗、病害防治和产品开发方面的进一步发展，海水养殖业在21世纪将向高技术产业转化。

◎海水农业

海水农业是指直接用海水灌溉农作物，开发沿岸地带的盐碱地、沙漠和荒地。“蓝色革命计划”是把海水养殖业由近海向大洋扩展。“海水农业”则是要使陆地植物“下海”，这是与以淡水和土壤为基础的陆地农业的根本区别。人类为了获得耐海水的植物正在进行艰苦的探索，除了采用筛选、杂交育种外，还采用了细胞工程和基因工程育种。这些研究仍在继续，目前采用品种筛选和杂交等传统方法已经获得了可以用海水灌溉的小麦、大麦和西红柿等。

知识小链接

基因工程

基因工程（genetic engineering）又称基因拼接技术和DNA重组技术，是以分子遗传学为理论基础，以分子生物学和微生物学的现代方法为手段，将不同来源的基因按预先设计的蓝图，在体外构建杂种DNA分子，然后导入活细胞，以改变生物原有的遗传特性，获得新品种，生产新产品。基因工程技术为基因的结构和功能的研究提供了有力的手段。

在不远的将来，人们还将建造“海底城市”，这已不是幻想，而是现实。目前，日本已为阿拉伯国家建造了一座海上游动的“小城市”。它大多用钢铁做成，中心是一座6层大厦。设有室内小花园、电影院，水电全部自己供应。它可以满足海上采油工作人员文化娱乐生活的需要。这个浮动“城市”是靠8根高大柱子托起的，把它们收起来，就可以当船行驶。将来许多海上工厂，将在原料生产地或市场附近的海域兴建起来，为海上城市居民提供物质需要。日本四国岛西南面的龙串湾，有个“海中公园”，人们在海底透过16面直径60厘米的玻璃窗可以饱览海底奇景：奇形怪状的礁石，五彩缤纷的珊瑚，各种奇丽的鱼儿及奇趣的海星、海葵等。自从美国第一个建造了水下实验室以后，不少国家纷纷效仿，在海底建造“钢屋”和其他建筑，“屋”内气压和海面相同，人们可以在里面正常地工作，维修海底油气井，打捞沉船，海底勘探或为潜艇补给等。另据报道，日本工程师、建筑师，计划在离东京120千米的海域上，建设世界首座“海洋城”，以解决未来人类居住的问题。海洋城将建于200米深的海底，有4层楼高的钢骨平台，离海面约70米，面积23平方千米，全城由1万条坚固直柱顶住，直柱附近设有感应装置。可测台风、海啸及暗流，自我调整力度以抵抗这些外来压力，保持海洋城的平稳。海洋城除了住宅区外，还有一个商业中心，400个网球场，8个高尔夫球场，两个棒球场，1个栽种水果蔬菜的人工田，还有纵横相连的道路。海洋城的建设费用估计需要2000亿美元，这项巨大的工程可望在本世纪末完成。届时，这座“海底城市”将居住万人以上，那时，深邃的海底不再沉默，将会跟大陆一样，变得热闹非凡，越来越多的人将去发掘它、建设它，用自己的智慧和双手去描绘这张硕大无比的宏伟蓝图。

还可以加大力度发展的项目有：发展提溴新技术，以提高现有地上卤水资源的溴利用率，提高溴质量，减少能耗，降低成本，积极发展高效溴化剂和新型阻燃剂等；积极发展“无机离子交换法海水、卤水提钾技术”，这项技术的成功，可以改造老盐化工企业，并能弥补我国陆地钾资源的不足；积极发展高技术含量、高附加值的镁新产品；加强海水提铀技术的研究开发；加强直接从海水提取其他化学物质的研究和开发，以及水、电、热联产与海水综合利用的结合。

海洋的未来向人们展示了辉煌的前景，广袤的海洋将为人类作出巨大的奉献。

河口化学——从三角洲想到的一门新兴学科

三角洲是河流流入海洋或湖泊时，因流速减低，所携带泥沙大量沉积，逐渐发展成的冲积平原。三角洲又称河口平原，从平面上看，像三角形，顶部指向上游，底边为其外缘，所以叫三角洲。三角洲的面积较大，土层深厚，水网密布，表面平坦，土质肥沃。如，我国的长江三角洲、珠江三角洲和黄河三角洲等。三角洲根据形状又可分为尖头状三角洲、扇状三角洲和鸟足状三角洲。三角洲地区不但是良好的农耕区，而且往往是石油、天然气等资源十分丰富的地区。

长江三角洲

三角洲是河口地区的冲积平原，是河流入海时所夹带的泥沙沉积而成的。世界上每年约有 160 亿立方米的泥沙被河流搬入海中。这些混在河水里的泥沙从上游流到下游时，由于河床逐渐扩大，降差减小，在河流注入大海时，水流分散，流速骤然减少，再加上潮水不时涌入有阻滞河水的作用，特别是海水中溶有许多电离性强的氯化钠（盐），它产生出的大量离子，能使那些悬浮在水中的泥沙也沉淀下来。于是，泥沙就在这里越积越多，最后露出水面。这时，河流只得绕过沙堆从两边流过去。由于沙堆的迎水面直接受到河流的冲击，不断受到流水的侵蚀，往往形成尖端状，而北方水面却比较宽大，使沙堆成为一个三角形，人们就给它们命名为“三角洲”。

基本小知识

离　子

离子是指原子由于自身或外界的作用而失去或得到一个或几个电子使其达到最外层电子数为 8 个或 2 个的稳定结构。这一过程称为电离。电离过程所需或放出的能量称为电离能。与分子、原子一样，离子也是构成物质的基本粒子。

世界上近海岸的河口地区，一般都是人口密集、工农业生产发达的地方。以我国为例，长江口上有上海市，珠江口上有广州市，海河口上有天津市等等。这是由于在河口地区一般都会形成三角洲，那里土质肥沃，有利于经济的发展。像美国密西西比河和非洲尼罗河形成的三角洲，其面积达几千

尼罗河三角洲

平方千米。其中密西西比河三角洲向南移动扩大面积已经有几百万年的历史了。随着城市的繁荣，工农业生产的发展，人们对沿海一带的河口地区日益重视，研究也越来越深入，这里不仅有胶体化学的问题，还有其他一些化学问题，因此，20 世纪 70 年代后期出现了一门新的学科——河口化学。

河口化学是研究各种物质在河口区的河水和海水不断交汇过程中的通量、相互作用、物质变化及其过程的学科。

河口是河海交汇的地带，是典型的地表水从淡水过渡到咸水的过渡性环境，不但物质通量相当大，而且化学变化和物理变化相当复杂。

各河口的地理条件和水文条件不同，河水和海水交汇的情况也有各种不同的类型，所发生的化学过程也不同。由于化学成分和水化学性质的分布，有较大的水平梯度和垂直梯度，化学变化过程大多是有方向性的。因此，海水组分的来源、污染物质入海后的迁移规律、陆地径流提供的营养元素对海洋生物生产力的影响、河口及口外附近的沉积过程等，都是重要的研究课题。

长期以来，人们对欧洲的泰晤士河、莱茵河和塞纳河，美洲的密西西比河、哥伦比亚河和圣劳伦斯河等地区的河口化学过程，进行过系统研究。中国从 20 世纪 50 年代以来，对长江河口、九龙江河口、钱塘江河口和珠江河口等的化学过程，已进行了一系列的调查研究工作。这些研究与化学、生物、地质和水文等学科互相渗透、交叉和促进，形成河口化学这门新兴学科。

1974 年在英国伦敦召开了河口化学学术讨论会，对发展河口化学起了促进作用。1976 年首次出版了伯顿和利斯编写的《河口化学》专著，五年后又出版了乌劳松和卡托编著的《河口化学与生物地球化学》一书。

河口化学研究的过程主要包括河口区的物质输入和输出、化学变化和物质在河口区的迁移三种过程。

河流将大量化学物质输入河口区，包括河水中溶解物质、悬浮颗粒物质和河床上面的一层泥沙。后者受径流切力的影响而向外海推移，称为推移质。河流带来的大部分物质，在河口经历了各种作用过程之后，被输送到外海，这是海洋中化学物质的主要来源之一。

根据戈德堡1975年综合的数据估算，从陆地输送到海洋的物质，每年约为250亿吨，其中约有210亿吨是经河口进入海洋的。就一些重金属进入海洋的通量来看，银、钴、铬等各有90%以上是通过河口进入的；镉、铜、汞各约50%由河口输入；而锌、铅、镍则较多地通过大气输送到海洋。总之，进入海洋的化学物质，绝大部分通过河口，因此研究海洋中各种化学物质的地球化学收支平衡时，不能不掌握全世界各主要河口化学物质通量的资料。

但如果只从河流的径流量和河水组成，计算各种化学物质的入海通量，而不了解这些化学物质在河口区经历过什么变化，有多少被留在河口区，就无法进行比较准确的计算。除河流输入河口区和从河口区输送到外海两个通量外，河口区还同大洋一样与大气和底部沉积层进行物质交换。尤其是沉积作用因受到河水与海水混合的复杂过程的影响，在河口区还是相当剧烈的。

从河口入海的物质，不但在海底形成各种自生矿物，如各种海生硅酸盐和洋底锰结核等，而且为近岸生物群落提供营养盐。

由于河水和海水的电解质浓度和酸碱度等环境因素有明显差异，因而在混合过程中便发生了一些化学变化，如胶体的生成和凝聚（或称絮凝）、沉淀的产生、黏土矿物与海水作用形成另一种矿物、吸附或解吸的加强、一些化学平衡的推移等。

知识小链接

酸碱度

酸碱度是指溶液的酸碱性强弱程度，一般用pH值来表示。pH值，亦称氢离子浓度指数、酸碱值，是溶液中氢离子活度的一种标度，也就是通常意义上溶液酸碱程度的衡量标准。在常温时，pH值<7为酸性，pH值$=7$为中性，pH值>7为碱性。

电解质的增加，使离子强度增大，可提高一些难溶盐的溶解度。氢离子浓度和离子强度的改变，变更碳酸盐体系的平衡；使不同形式的重金属离子络合物间的比例发生变化；使多数过渡元素改变其在水体中的价态和存在形式。然而，影响较显著的还是胶体或沉淀的生成，它能吸附多种微量成分而改变它们的分布和迁移的特性。

河水与海水混合生成的铁、铝、锰的水合氧化物胶体，能显著地吸附重金属离子和溶解硅酸盐，而被称为海洋重金属元素的“清除剂”。在一般河口，铝、铁、锰、铜、锌、镍、钴等金属的90%～99%是以颗粒态形式从河口输出到海洋的。

河口半咸水带是许多生物繁殖的良好环境，生物吸收或释出化学物质和生物死亡后的降解作用等生物地球化学过程，对河口的化学组成也起着重要的作用。

在河水和海水混合的水体内的化学组分，可分为保守组分和非保守组分两类。前者在混合过程中没有溶出或转移，后者则因化学变化或因生物的吸收而发生溶出或转移。因此，它们的浓度与盐度的关系不同。

在河口，特别是在人口比较集中的河口区水体中，有机物的含量远大于外海水中的含量。有机物的存在能影响微量元素在河口的地球化学特性，如有机物中的含氧基团等能与金属离子络合；一些有机物与金属离子又能形成难溶性的有机金属化合物，并能附着在其他悬浮颗粒物上而沉淀到海底。

河口水域中的悬浮物，含量较高，吸附能力又强，对金属元素和有机物的迁移起重要的作用。这些颗粒的沉降、再悬浮、随水体运动、在底床上被推移、解吸、氧化态的改变和在沉积中继续进行的化学转化过程（成岩作用），都影响河口化学物质的迁移和反应过程。

总的说来，在河水和海水交汇的河口区，同海－底界面区和海－气界面区一样，存在着比较剧烈而复杂的化学过程。因此，河口化学过程的研究，是化学海洋学中相当重要的一环。

由此可见，河口化学的研究对发展沿海城市的经济十分重要。河口化学研究的内容很广泛，主要有：河口水的基本物理、化学性质，河水与海水混合时物质的变化过程和规律，重金属离子在河口地区的转移规律，河口的放射性元素的研究，城市工业和生活废水的输入对河口化学过程的影响，当然还有污染和环境保护问题等。河口化学是一门重要的新兴边缘科学，它与海洋化学、胶体化学、溶液化学、络合物化学、分析化学、环境化学等有着密切的联系。它关系着人口集中、经济发达、生态环境复杂地区的一些化学基本规律，对国民经济发展有着重要作用。因此，河口化学是一个有着广阔发展前景的化学分支。

拓展阅读

重金属

相对密度在5以上的金属，称作重金属。原子序数从23（V）至92（U）的天然金属元素有60种，除其中的6种外，其余54种的相对密度都大于5，因此从相对密度的意上讲，这54种金属都是重金属。但是，在进行元素分类时，其中有的属于稀土金属，有的划归了难熔金属，最终在工业上真正划入重金属的为10种金属元素：铜、铅、锌、锡、镍、钴、锑、汞、镉和铋。这10种重金属除了具有金属共性及密度大于5以外，并无其他特别的共性。各种重金属各有各的性质。

地球的宝藏

TANWEI GUANZHI DE HUAXUE XIANXIANG

璀璨的宝石可以带给人们以美的享受，地下蕴藏的丰富矿产资源是人类社会前进的动力，最普通不过的岩石和矿物见证了整个地球的演化史。本章将带你走入一个奇妙的地质世界，你将认识地球的物质组成、岩石类型、矿物及各种宝石等。你还将了解到各种人造金刚石、水晶，以及有记忆能力的金属是如何制造出来的，这对增加你个人的地质学知识很有帮助。

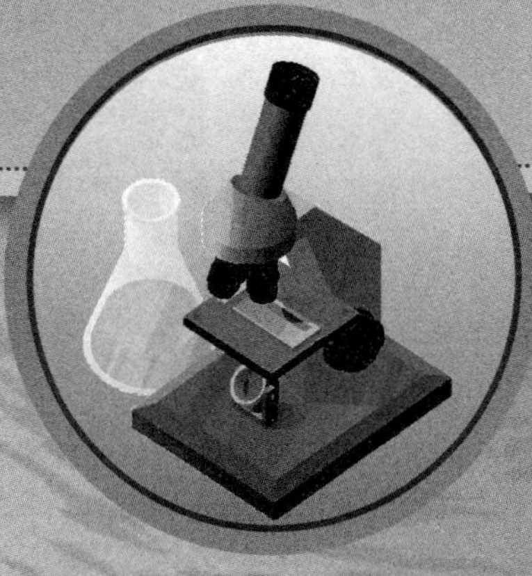

晶体世界寻宝

晶 体

晶体是原子、离子或分子在结晶过程中，按照一定的周期性，在空间排列形成具有一定规则的几何外形的固体。

晶体有三个特征：

(1) 晶体有整齐规则的几何外形。

(2) 晶体有固定的熔点，在熔化过程中，温度始终保持不变。

(3) 晶体有各向异性的特点。

宝石为什么绚丽多彩

宝石是岩石中最美丽而贵重的一类。它们颜色鲜艳，质地晶莹，光泽灿烂，坚硬耐久，同时存量稀少，是可以制作首饰等用途的天然矿物晶体，如钻石、祖母绿、红宝石、蓝宝石和金绿宝石（变石、猫眼）等；也有少数是天然单矿物集合体，如玛瑙、欧泊。还有少数几种有机质材料，如琥珀、珍珠、珊瑚、煤精和象牙。

宝 石

现代宝石学根据宝石的用途将宝石分为三个类别，它们分别是：彩色宝石、钻石和玉石。

彩色宝石：指那些有颜色的宝石，

比如红宝石、蓝宝石、祖母绿、海蓝宝石、猫眼宝石、变色宝石、黄晶宝石、欧珀、碧玺、尖晶宝石、石榴石宝石、锆石宝石、橄榄绿宝石、翡翠绿宝石、石英猫眼、绿松石、青金石、珍珠等。

钻石：无色的宝石。

玉石：这一类别是专门针对中国人划分的，指翡翠和白玉等多晶体集合体矿物。而钻石和彩色宝石都是单晶体。玉从色彩上分有：白玉、碧玉、青玉、墨玉、黄玉、黄岫玉、绿玉、京白玉等。从地域上分有：新疆玉、河南玉、岫岩玉（又名新山玉）、澳洲玉、独山玉、南方玉、加拿大玉等，而其中新疆和田玉是我国的名特产。

玛瑙——从色彩上分有：白、灰、红、蓝、绿、黄、羊肝、胆青、鸡血、黑玛瑙等。从花纹上分有：灯草、藻草、缠丝、玳瑁玛瑙等。在我国的东北、内蒙古、云南、广西均有出产。且有含水玛瑙，称为水胆玛瑙。

石——绿松石、青金石、芙蓉石、木变石（又名虎皮石）、桃花石（又称京粉翠）、孔雀石、蓝纹石、羊肝石、虎睛石、东陵石等，其中绿松石是我国湖北土堰一带的名产。

晶——白水晶、紫水晶、黄水晶、紫黄晶、红水晶、粉晶、蓝水晶、钛晶、墨晶、幽灵晶、茶晶（又名烟晶）、软水晶、鬃晶、发晶。我国南北各地均有出产，其中江苏东海县盛产天然水晶。

翡翠——具有紫、红、灰、黄、白等色，但以绿色为贵，它是我国近邻缅甸的名特产。

珊瑚——分红、白两色，是一种海底腔肠动物化石，我国台湾省出产的质量很好。

珠——珍珠（海水珍珠、淡水珍珠）、养珠（海水养珠、淡水养珠）。

趣味点击　祖母绿名称的由来

祖母绿的名称，源于古波斯语“ZUMURUD”（现俄语仍发此音）。传到我国，几百年间曾先后译成“助木刺”、“子母绿”、“芝麻绿”，直到近代才统称为今天的“祖母绿”。因此“祖母绿”只是译音，和祖母没有任何关系，切不可认为这种宝石是专供上年纪的女性佩带的。和其他任何一种大家喜爱的宝石一样，祖母绿的佩带是不分男女老幼的。

宝　石

红宝石

宝石，一向以它的绚丽多彩而博得人们的喜爱。它为什么会如此多姿呢？

通过化学分析和光谱鉴定，人们才知道，给宝石“打扮”得五彩缤纷的却是些金属。由于它们所含的金属量有多有少，有的只含有一种金属元素，有的含有几种金属元素，因此颜色也就各不相同。古有“照红殿”、“红雅姑”之称的红宝石，在印度一些古老的著作中则称其是“上帝创造万物时所创造的十二种宝石中最珍贵的”，传说中认为，戴它的人会“健康长寿、发财致富、爱情美满幸福”，是国际珠宝界公认的名贵宝石之一，因其特有的红色和独特的魅力，以及神奇的传说，深受西方人的青睐。近来，也愈来愈受到国人的喜爱的祖母绿宝石中都含有金属铬。

绿松石

绿松石又名“土耳其玉”，简称“松石”，为地壳里含水的铜铝磷酸盐矿物。因其色泽艳丽，质地优良，故从古至今一直被用来制作首饰、玉器及其他艺术品、装饰品，为世界著名古玉之一。绿松石的化学成分为 $CuAl_6[PO_4]_4(OH)_8-5H_2O$。属三斜晶系，单晶呈短柱状，但极少见，通常为隐晶质的致密块状、肾状、钟乳状、皮壳状集合体。其最大特点是具有独特、使人一见便晓的天蓝色，或称“绿松石色”，其余则呈蔚蓝、深蓝、淡蓝、湖水蓝、蓝绿、苹果绿、黄绿、带绿的浅黄、浅灰色等。条痕绿至白色。显蜡状光泽、油脂光泽，微透明至半透明，极少数透明。硬度5～6；密度2.6～2.9克/厘米^3，一般为2.76克/厘米^3。地壳里的绿松石矿石常呈所谓的“团块”状、“橘核”状，其表层往往包裹有一层很薄的“皮”，其中有些皮呈黑色（黑皮），有一些则呈土红色（红皮）或灰白色（白皮）。具有“皮”的绿松石统称为“了料”，没有皮者统称为“山料”。从质量来说，当然以黑皮子料为最好。不少绿松石的黑皮还呈线状、带状（黑线花纹）并延伸到其内部，构成龟背纹、脉状纹、网状纹。翠绿色的绿松石里面有铜元素。

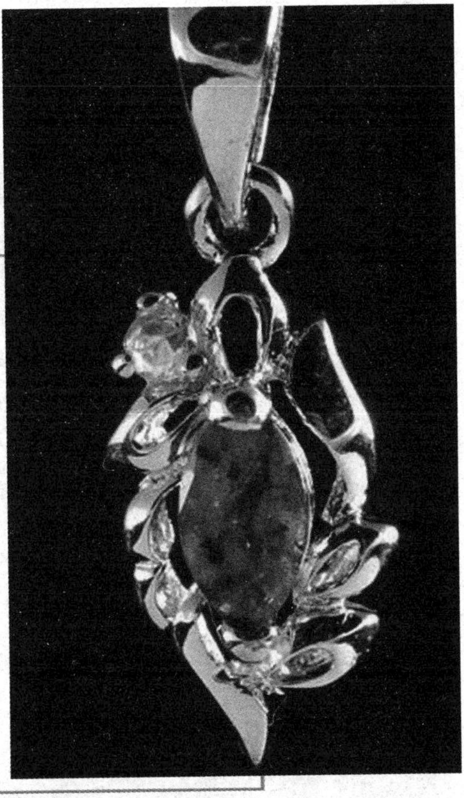

祖母绿宝石

朱丹色的红玛瑙里面有铁元素。红玛瑙是最具疗效的宝石之一，可平衡正负能量，消除精神紧张及压力。维持身体及心灵和谐，增强爱、忠诚，同时也具激发勇气，使人果敢的功效，也适合体弱多病、或刚痊愈的人配戴。

红玛瑙的颜色娇嫩鲜丽令人惊艳！透光看时会有明显的天然纹路，可爱极了，戴上后皮肤便有白皙细嫩的感觉哦！自古以来学者把玛瑙视为宝石中的“第三眼”，象征友善的爱心，也代表希望给人带来健康：正红色的红玛瑙则可改善内分泌，加强血液循环，让气色变好，去除性方面的障碍，避免性无能与不孕产生；偏橘色的红玛瑙则可对直肠，胃肠都有效用，可活化内脏，预防便秘，帮助排出毒素，对肝病，风湿，神经痛，静脉曲张等都有舒缓的功用。

知识小链接

红玛瑙

红玛瑙是常见的硅氧矿物，它基本上就是石英，很多性质都与石英相同。我们熟悉的雨花石，其实就是红玛瑙。红玛瑙在矿物学上还属于玉髓的变种。它的颜色多种多样，而且常常是呈多种颜色的。一般为半透明到不透明。红玛瑙是一种低级别的宝石，但人类将它加工成工艺品的历史却很久了。有的红玛瑙里面还有水，叫水胆玛瑙。这样的玛瑙摇动时还能发出水声，很是奇特。

玛瑙也是水晶家族成员，它是隐晶族，它的六面晶状非常细小，必须通过显微镜才能看得清。按颜色和纹路玛瑙可分为条纹玛瑙、缠丝玛瑙、苔藓玛瑙、角砾玛瑙、豹纹玛瑙、水玛瑙、苔纹玛瑙、红玛瑙、缟玛瑙等。玛瑙是一种多姿多彩的宝石，能量强劲，治疗功能大。古代人已用玛瑙来作护身符，抵抗癫痫病、神经错乱。玛瑙也用作被有毒物体刺伤后的治疗，它可以缓和不平衡的毛病，使人爱惜身体，加强勇气、忍耐力，意志坚定。可使人繁杂的思虑回到“原点”，思维敏锐，平衡做事态度及细节，使行为更快、更好、更有效率。

红玛瑙

另外，红玛瑙是佛教七宝之一，自古以来一直被当为辟邪物、护身符使用，有助于消除压力、疲劳、浊气等负性能量。这些藏在宝石内部的金属的化合物，吸收了光线里的一部分色光，把其余的色光反射了出来，所以，太阳光谱的所有颜色都在各种宝石的身上互相替换着。有些宝石的颜色，还跟它们的原子排列有关。青金石的蓝色、翠榴石的黄绿色，就是由它们结晶内部各个原子的分布规律决定的。

还有些漂亮的宝石，有时却是经过人工染色的。宝石染色的方法很别致。古时候的希腊人和罗马人，曾用过这样的方法加工玛瑙：先放在蜂蜜中煮几个星期，拿出来用清水洗干净以后再放在硫酸中煮几小时，结果染成了红色或黑色的带有条纹的缟玛瑙。乌拉尔居民的染色方法更是妙，他们把烟水晶嵌在面包里放到火上烘，就得到稀罕的金黄色烟水晶。今天，随着科学技术的不断发展，人们又邀请了镭射线和紫外线来参加宝石的染色工作。并且宝石已不只是充当装饰品，而更多的是作为钟表和精密仪表的轴承材料。

知识小链接

水　晶

水晶（Quartz Crystal）是一种无色透明的大型石英结晶体矿物。它的主要化学成份是二氧化硅。化学式为 SiO_2。水晶呈无色、紫色、黄色、绿色及烟色等。玻璃光泽。透明至半透明。硬度7。性脆。无解理。水晶密度：2.56—2.66克/立方厘米。水晶折射率：1.544—1.553，几乎不超出此范围。水晶色散：0.013。水晶熔点为1713℃。

石英中的皇后——水晶

◎水晶的化学成分及性质

水晶是一种无色透明的大型石英结晶体矿物。它的主要化学成分是二氧化硅，跟普通砂子是“同出娘胎”的一种物质。当二氧化硅结晶完美时就是水晶；二氧化硅胶化脱水后就是玛瑙；二氧化硅含水的胶体凝固后就成为蛋白石；二氧化硅晶粒小于几微米时，就组成玉髓、燧石、次生石英岩。纯净的无色透明的水晶是石英的变种，有“石英中的皇后”的美誉。化学成分中含 Si—46.7%，O—53.3%。由于含有不同的混入物或机械混入的而呈多种颜色。紫色和绿色是由铁（Fe^{2+}）离子致色，紫色也可由钛（Ti^{4+}）所致，其他颜色也由所含元素导致。在水晶中含有砂状、碎片状针铁矿、赤铁矿、金红石、磁铁矿、石榴石、绿泥石等包裹体；发晶中则含有肉眼可见的似头发状的针状矿物的包裹体形成。含锰和铁者称紫水晶；含铁者（呈金黄色或柠檬色）称黄水晶；含锰和钛呈玫瑰色者称蔷薇石英，即粉水晶；烟色者称烟水晶；褐色者称茶晶；黑色透明者称为墨晶。

◎水晶的产生

基本上，水晶最主要的成分就是二氧化硅（SiO_2），而硅也是占地球地壳组成成分约 65% 以上的最主要矿物；其中，还含有各种微量的金属，所以会造成各种不同颜色的水晶；而水晶也会广泛地和自然界中的各种矿物“共生”在一起，如云母、长石、方解石、电气石、金红石、花岗岩等等。

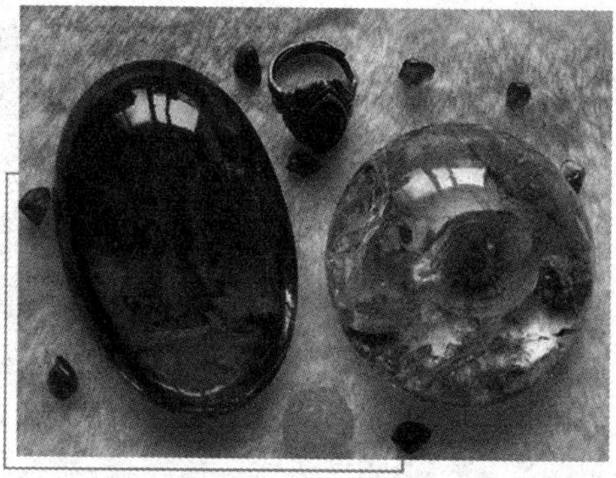

藏宝图——水晶

白水晶

水晶的生长环境，多是在地底下、岩洞中，需要有丰富的地下水来源，地下水又多含有饱和的二氧化矽，同时此中的压力约需在大气压力下的 2～3倍，温度则需在 550℃～600℃间，再给予适当时间，水晶就会依着三方晶系的自然法则，而结晶成六方柱状的水晶了。

◎水晶的传说

古往今来，世界上最纯净的东西莫过于水晶。它常被人们比作贞洁少女的泪珠，夏夜天穹的繁星，圣人智慧的结晶，大地万物的精华。人们还给珍奇的水晶赋予许多美丽的神话事故，把象征、希望和一个个不解之谜融于它一身。

有关东海水晶的来历，民间广泛流传两个故事。

一种传说，这里的水晶是由一匹神龙马带来的。

据讲早先东海白马山脚下有个种瓜老汉，摆弄了一辈子西瓜。这年春旱，白马山都干裂了缝。瓜老汉种了 5 亩西瓜，每天拼死拼活担水浇灌才保住了一个西瓜。西瓜越长越大，不觉竟有笆斗大。

这天晌午，邻村财主“烂膏药”走得口渴，非要买这个瓜解渴不可。老汉正迟疑，这时忽然从瓜肚子里传来一匹马的哀求声：“瓜爷爷，我本来是天上的白龙马，因为送唐僧去西天取经，被天帝派这里做白马山的神马，你快救救我。”瓜老汉觉得奇怪，问：“你怎么钻到瓜肚子里了?”神马说：“天太热，我渴极了钻到这瓜里喝瓜汁，撑得出不来了。””我怎么救你呢?”瓜老汉急得直搓手。神马说：“这瓜你千万不可卖给那坏蛋，他若进贡皇上，白马山就没宝啦！你趁早把西瓜打开，放我出去。”

正说间，“烂膏药”使唤家丁前来抢西瓜，说时迟那时快，瓜老汉挥刀朝西瓜劈下，就听“轰隆”一声，一道金光从瓜里射出来，照亮了半边天空。整个白马山放光闪烁。再看，跟着金光奔出来的那匹神马拉个晶镏子，晶明透亮，把人的眼睛都照花了。神马见了老汉，跪倒就磕头：“瓜爷爷，你这地里有晶豆子，收吧!”

“烂膏药”瞧见了神马，大喜过望，忙使唤家丁：“猪怕赶，马怕圈，快围住它！逮住神马，得晶镏子，收晶豆子!”

一伙家丁团团将神马围住，神马东奔西突，晶镏子拉到哪里，哪里晶光闪烁。神马左冲右闯也出不了重围，瓜老汉急了，用西瓜刀背照准神马屁股“咚”地掴了一下，喊声：“还不快点走!”只听“威儿……”的一声吼，神马负痛蹿将起来，一下子将“烂膏药”撞个七窍流血，腾空朝白马山奔去，只见白马山金光一炸，神马一头钻进山肚里去了。

绿幽灵

家丁们哭丧着脸，收拾“烂膏药”尸首拉了回去。瓜老汉再定神细看，满地上点点火亮蹦跳，他找来钗锨一挖，挖出些亮晶晶、水灵灵的石头，原来竟是些值钱的水晶石。

水晶与神马，东海民间还有一种说法：相传天上一匹天马偷下凡间，偷吃瓜农的西瓜，被瓜园的主人发现，一路追赶，从西南到东北，天马一边奔跑，一边撒尿，清纯的马尿浸到哪块地里，哪块地里就长出了水晶。

◎ 水晶在生活中的使用

如晨间凝结在叶端的露珠，晶莹剔透的水晶以其清新脱俗的美，逐渐受到时尚大师们的青睐，就像刚苏醒的精灵，以轻盈的脚步悄悄踏上时尚舞台，它晶透的光芒闪耀在仕女的帽檐，点缀在霓裳的衣角，或者独占美人的胸前，和金饰珠宝结合是它的最新风貌，美丽的变身将从酷夏一直流行到秋冬。

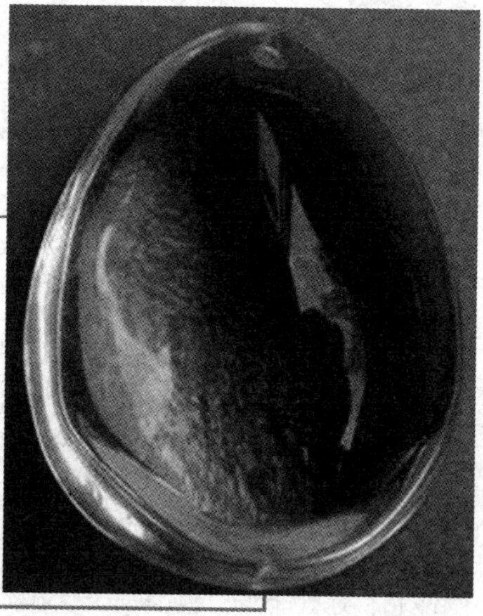

天然水晶

水晶由于可使人保持冷静及正确的判断力，所以在车的驾驶座、仪表板附近贴上如金字塔之类的水晶饰物，不但美观，还可保持驾驶者头脑清醒；如果在后视镜悬挂水晶饰物，可以选择切割成刻面的水晶如“如意灵珠”，除赏心悦目外，更能增进行车安全。

有时因旅游住进陌生的酒店或因为出外求学、工作，而暂时需要住宿，可以佩带茶晶以抵挡灵异、妖邪之气。

各种水晶的原石或其制品都有吸收负能量、释放正能量的特性，因此，对于长期使用电脑和观看电视的人来说，要想避免辐射的伤害，可以将天然水晶的晶柱、晶簇放置于电脑和电视荧光屏前来抵挡和吸收辐射。

各种色泽的发晶，自古以来就有“爱神之箭”的雅号，因此对于恋爱中希望得到意中人青睐的人，长期佩戴各种发晶项链将能如愿以偿，大型优质的紫水晶项链对增强情谊也较有益。

你知道吗

电磁辐射和电磁辐射污染区别

电磁辐射和电磁辐射污染是两个概念，任何带电体都有电磁辐射，当电磁辐射强度超过国家标准，就会产生负面效应，引起人体的不同病变和危害，这部分超过标准的电磁场强度的辐射叫电磁辐射污染。

◎ 水晶按摩可以美容

大家都知道水晶具有强大的能量磁场，对于人体的生理功能可以起到很大的改善作用。早在古代，水晶就被利用到了疾病治疗的程序中水晶性凉，能够对疼痛的神经机到镇定作用，通过按摩还能活血化瘀、注入外部能量，提高美容效果。

金刚石与它的“孪生兄弟”石墨

金刚石俗称“金刚钻”。也就是我们常说的钻石，它是一种由纯碳组成的矿物。金刚石是自然界中最坚硬的物质，因此也就具有了许多重要的工业用途，如制作精细研磨材料、高硬切割工具、各类钻头等。金刚石还被作为很多精密仪器的部件。金刚石有各种颜色，从无色到黑色都有。它们可以是透明的，也可以是半透明或不透明。多数金刚石带些黄色。金刚石的折射率非常高，色散性能也很强，这就是金刚石为什么会反射出五彩缤纷闪光的原因。金刚石在 X 射线照射下会发出蓝绿色荧光。金刚石仅产出于金伯利岩中。金伯利岩化学式为 C，晶体形态多呈 8 面体、菱形 12 面体、4 面体及它们的聚

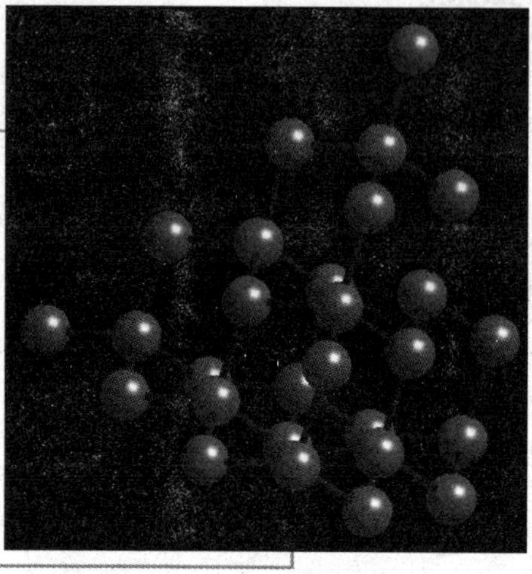

金刚石三维结构

形，没有杂质时，无色透明，与氧反应时，也会生成二氧化碳，与石墨同属于碳的单质，素有“硬度之王”和宝石之王的美称。习惯上人们常将加工过的称为钻石，而未加工过的称为金刚石。在我国，金刚石之名最早见于佛家经书中。钻石是自然界中最硬物质，最佳颜色为无色，但也有特殊色，如蓝色、紫色、金黄色等。这些颜色的钻石稀有，是钻石中的珍品。印度是历史上最著名的金刚石出产国，现在世界上许多著名的钻石如“光明之山”、“摄政王”、“奥尔洛夫”均出自印度。金刚石的产量十分稀少，通常成品钻是采矿量的十亿分之一，因而价格十分昂贵。经过琢磨后的钻石一般有圆形、长方形、方形、椭圆形、心形、梨形、榄尖形等。世界上最重的钻石是1905年产于南非的“库里南”，重3106.3克拉，已被分磨成9粒小钻，其中一粒被称为“非洲之星”的库里南1号钻石重量仍占世界名钻首位。

◎金刚石的开采

原生金刚石是在地下深外处（130～180千米）高温（900℃～1300℃）高压（45～60伏）10^8Pa下结晶而成的，它们储存在金伯利岩或榴辉岩中，其形成年代相当久远。南非金伯利矿的橄榄岩型钻石形成于距今约33亿年前，这个年龄几乎与地球同岁；而澳大利亚阿盖尔矿、博茨瓦纳奥拉伯矿的榴辉岩型的钻石虽说年轻，也分别已有15.8

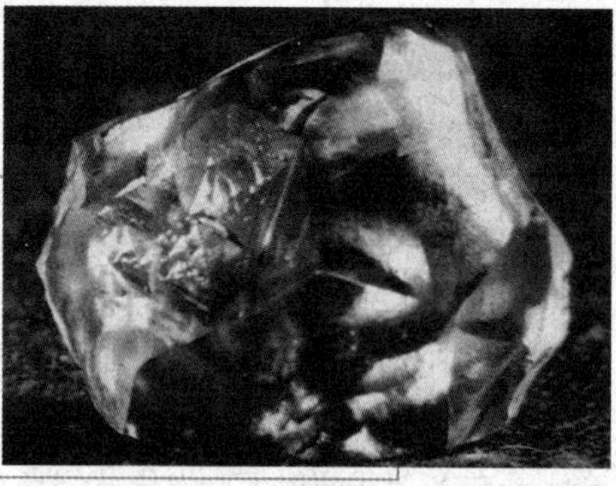

金刚石

亿年和9.9亿年了。藏于如此深的地下达亿万年之久的钻石晶体要重见天日，得借助于火山喷发，熔岩流将含有钻石的岩浆带入至地球近地表处，或长途迁徙沉淀于河流沙土之中。前者形成的是原生管状矿，后者形成的则为冲积矿。这些矿体历经艰辛开采后，还需经过多道处理遴选，才可从中获得毛坯金刚石。毛坯金刚石中仅有20%可作首饰用途的钻坯，而大部分只能用于切割、研磨及抛光等工业用途上。有人曾粗略地估算过，要得到1克拉重的钻石，起码要开采处理250吨矿石，采获率是相当低的；如果想从成品钻中挑选出美钻，那两者的比率更是十分悬殊的了。

广角镜

人造合成金刚石

目前人工合成金刚石的方法主要有两种，高温高压法及化学气相沉积法。

高温高压法技术已非常成熟，并形成产业。国内产量极高，为世界之最。

化学气相沉积法仍主要存在于实验室中。

◎ 金刚石的性质

把任何两种不同的矿物互相刻划，两者中必定会有一种受到损伤。有一种矿物，能够划伤其他一切矿物，却没有一种矿物能够划伤它，这就是金刚石。

金刚石为什么会有如此大的硬度呢？

直到18世纪后半叶，科学家才搞清楚了构成金刚石的材料。如前所述，早在公元1世纪的文献中就有了关于金刚石的记载，然而，在其后的1600多年中，人们始终不知道金刚石的成分是什么。

直到18世纪的70至90年代，才有法国化学家拉瓦锡（1743～1794）等人进行的在氧气中燃烧金刚石的实验，结果发现得到的是二氧化碳气体，即一种由氧和碳结合在一起的物质。这里的碳就来源于金刚石。终于，这些实验证明了组成金刚石的材料是碳。

知道了金刚石的成分是碳，仍然不能解释金刚石为什么有那样大的硬度。例如，制造铅笔芯的材料是石墨，成分也是碳，然而石墨却是一种比人的指甲还要软的矿物。金刚石和石墨这两种矿物为什么会如此不同？

这个问题，是在1913年才由英国的物理学家威廉·布拉格和他的儿子做出了回答。布拉格父子用X射线观察金刚石，研究金刚石晶体内原子的排列方式。他们发现，在金刚石晶体内部，每一个碳原子都与周围的 4 个碳原子紧密结合，形成一种致密的三维结构。这是一种在其他矿物中都未曾见到过的特殊结构。而且，这种致密的结构，使得金刚石的密度为每立方厘米约 3.5 克，大约是石墨密度的 1.5 倍。正是这种致密的结构，使得金刚石具有最大的硬度。换句话说，金刚石是碳原子被挤压而形成的一种矿物。

碳是一种常见的元素。动植物的体内，甚至空气中，都含有大量的碳。我们的身体也不例外，其中也有大量的碳原子。

然而，碳虽然是地面上常见的元素，在地球内部，数量却十分稀少。通过对太阳光谱和坠落到地球上的陨石所进行的分析，组成地球的化学元素，最多的是氧，接下来依次是硅、铝和铁。这 4 种元素占到了地球总质量的 87%；若再加上钙、钠和钾3 种元素，则总共占到了96%。剩下的4%，才是包括碳在内的其他所有的元素。

此外，组成地球的元素，质量越大的元素越倾向于聚集在地球的中心。碳是比较轻的元素，集中在地表附近，因而在地球深处基本上不会有碳。日本东京大学物性研究所专门研究地球深部结构的八木健彦教授说：“地球自46亿年前诞生以来，内部存在的碳都是极其稀少的，因此，地球内部不会有很多形成金刚石的原材料。”

另一方面，科学家通过同位素分析还知道，在构成金刚石的材料中，至少有一部分是属于有机物遗留下来的碳。这意味着，在几亿到几十亿年前沉积到海底的浮游生物（动物和植物）的遗骸，随着构造板块的运动，它们从沉积层被带到地球的内部，那里就有可能形成金刚石。

知识小链接

有机物

有机物，即有机化合物（organic compound），主要由氧元素、氢元素、碳元素组成。有机物是生命产生的物质基础，包括脂肪、氨基酸、蛋白质、糖、血红素、叶绿素、酶、激素等。生物体内的新陈代谢和生物的遗传现象，都涉及有机化合物的转变。此外，许多与人类生活有密切关系的物质，例如石油、天然气、棉花、染料、化纤、天然和合成药物等，均属有机化合物。

八木教授说："总之，碳在地球内部属于微量元素，数量如此少，金刚石极其稀少也就不足为奇了。"

◎金刚石的矿产资源

人类对金刚石的认识和开发具有悠久的历史。早在公元前3世纪古印度就发现了金刚石。因为钻石是由金刚石锤炼而成，自公元纪年起至今，钻石一直是国家与王宫贵族、达官显贵的财富、权势、地位的象征。

世界金刚石矿产资源不丰富，1996年世界探明金刚石储量基础仅19亿克拉，远不能满足宝石与工业消费的需要。20世纪60年代以来，人工合成金刚石技术兴起，至90年代日臻完善，人造金刚石几乎已完全取代工业用天然金刚石，其用量占世界工业用金刚石消费量的90%以上（在中国已达99%以上）。金刚石主要生产国为澳大利亚、俄罗斯、南非、博茨瓦纳和扎伊尔等。世界钻石的经销主要由迪比尔斯中央销售组织控制。

中国发现金刚石约在200～300年前，在明清朝之际（约17世纪），湖南省农民在河砂中淘到过金刚石。金刚石的地质勘查工作始于20世纪50年代。迄今，在中国发现的重量大于90克拉（1克=5克拉）的著名金刚石有6颗，如重约158克拉的"常林钻石"等。

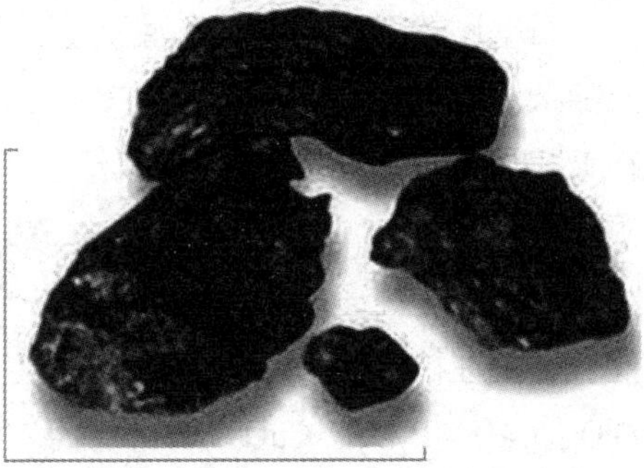

石　墨

中国金刚石矿产资源比较贫乏，通过近50年的地质工作，仅在辽宁、山东、湖南和江苏4省探明了储量。截至1996年底，中国保有金刚石储量2089.78万克拉，在世界上不占重要地位。在质量上，中国辽宁省所产金刚石质地优良，宝石级金刚石产量约占总产量的70%。20世纪90年代以来，中国年产金刚石10万～15万克拉，远不能满足本国消费的需要。国家所需工业用金刚石99%以上依赖国产人造金刚石，1997年中国人造金刚石产量达4.4亿克拉，工业用天然金刚石所占消费比重极为有限。

石墨是碳质元素结晶矿物，它的结晶格架为六边形层状结构。每一网层间的距离为3.40A，同一网层中碳原子的间距为1.42A。属六方晶系，具完整的层状解理。解理面以分子键为主，对分子吸引力较弱，故其天然可浮性很好。

石墨结构图

石墨典型的层状结构，碳原子成层排列，每个碳与相邻的碳之间等距相连，每一层中的碳按六方环状排列，上下相邻层的碳六方环通过平行网面方向相互位移后再叠置形成层状结构，位移的方位和距离不同就导致不同的多型结构。金刚石、碳、碳纳米管等都是碳元素的单质，它们互为同素异形体。

山东省莱西市为我国石墨重要产地之一，石墨探明储量687.11万吨，现保有储量639.93万吨。

石墨质软，黑灰色；有油腻感，可污染纸张。硬度为1~2级，沿垂直方向随杂质的增加其硬度可增至3~5级。比重为1.9~2.3，比表面积范围集中在1~20平方米/克，在隔绝氧气条件下，其熔点在3000℃以上，是最耐温的矿物之一。

自然界中纯净的石墨是没有的，其中往往含有SiO_2、Al_2O_3、FeO、CaO、P_2O_5、CuO等杂质。这些杂质常以石英、黄铁矿、碳酸盐等矿物形式出现。此外，还有水、沥青、CO_2、H_2、CH_4、N_2等气体部分。因此对石墨的分析，除测定固定碳含量外，还必须同时测定挥发分和灰分的含量。

拓展阅读

碳的存在形式

碳的存在形式是多种多样的，有晶态单质碳，如金刚石、石墨；有无定形碳，如煤；有复杂的有机化合物，如动植物等；有碳酸盐，如大理石等。单质碳的物理和化学性质取决于它的晶体结构。高硬度的金刚石和柔软滑腻的石墨晶体结构不同，各有各的外观、密度、熔点等。

石墨的工艺特性主要决定于它的结晶形态。结晶形态不同的石墨矿物，具有不同的工业价值和用途。工业上，根据结晶形态不同，将天然石墨分为三类。

1. 致密结晶状石墨

致密结晶状石墨又叫块状石墨。此类石墨结晶明显，晶体肉眼可见。颗粒直径大于0.1毫米，比表面积范围集中在0.1～1平方米/克，晶体排列杂乱无章，呈致密块状构造。这种石墨的特点是品位很高，一般含碳量为60%～65%，有时达80%～98%，但其可塑性和滑腻性不如鳞片石墨好。

2. 鳞片石墨

石墨晶体呈鳞片状，这是在高强度的压力下变质而成的，有大鳞片和细鳞片之分。此类石墨矿石的特点是品位不高，一般在2%～3%，或10%～25%之间。是自然界中可浮性最好的矿石之一，经过多磨多选可得高品位石墨精矿。这类石墨的可浮性、润滑性、可塑性均比其他类型石墨优越，因此它的工业价值最大。

鳞片石墨

3. 隐晶质石墨

隐晶质石墨又称非晶质石墨或土状石墨，这种石墨的晶体直径一般小于1微米，比表面积范围集中在1～5平方米/克，是微晶石墨的集合体，只有在电子显微镜下才能见到晶形。此类石墨的特点是表面呈土状，缺乏光泽，润滑性也差。品位较高。一般的60%～80%，少数高达90%以上。矿石可选性较差。

隐晶质石墨

石墨粉里“飞”出金刚石

天然的钻石是非常稀少的，世界上重量大于1000克拉的钻石只有2粒，400克拉以上的钻石只有多粒，我国迄今为止发现的最大的金刚石重158.786克拉，这就是“常林钻石”。物以稀为贵，正因为可做“钻石”用的天然金刚石很罕见，人们就想“人造”金刚石来代替它，这就自然地想到了金刚石的“孪生”兄弟——石墨了。

金刚石和石墨的都是同素异形体。从这种称呼可以知道它们具有相同的“质”，但“形”或“性”却不同，且有天壤之别，金刚石是目前最硬的物质，而石墨却是最软的物质之一。

石墨和金刚石的硬度差别如此之大，但人们还是希望能用人工合成方法来获取金刚石，因为自然界中石墨（碳）藏量是很丰富的。但是要使石墨中的碳变成金刚石那样排列的碳，不是那么容易的。石墨在5万~6万大气压[（5~6）$\times 10^3$ MPa]及摄氏1000至2000度高温下，再用金属铁、钴、镍等做催化剂，可使石墨转变成金刚石。

广角镜

催化剂的用途

在化工生产、科学家实验和生命活动中，催化剂都大显身手。例如，硫酸生产中要用五氧化二钒作催化剂。由氮气跟氢气合成氨气，要用以铁为主的多分组催化剂，提高反应速率。在炼油厂，催化剂更是少不了，选用不同的催化剂，就可以得到不同品质的汽油、煤油。车尾气中含有害的一氧化碳和一氧化氮，利用铂等金属作催化剂可以迅速将二者转化为无害的二氧化碳和氮气。酶是植物、动物和微生物产生的具有催化能力的蛋白质，生物体的化学反应几乎都在酶的催化作用下进行，酿造业、制药业等都离不开催化剂。

目前世界上已有十几个国家（包括我国）均合成出了金刚石。但这种金刚石因为颗粒很细，主要用途是做磨料，用于切削和地质、石油的钻井用的钻头。当前，世界金刚石的消费中，80% 的人造金刚石主要是用于工业，它的产量也远远超过天然金刚石的产量。

人们眼中的“晶体”——玻璃

玻璃是生活中常见物品，它外表晶莹光滑，在人们的眼中它也是晶体家族的一员，其实玻璃并非晶体。那玻璃真实身份是什么呢？

玻璃是一种较为透明的固体物质，在熔融时形成连续网络结构，冷却过程中黏度逐渐增大并硬化成不结晶的硅酸盐类非金属材料。普通玻璃化学氧化物的组成（$Na_2O \cdot CaO \cdot 6SiO_2$），主要成分是二氧化硅。广泛应用于建筑物，用来隔风透光。

中国古代亦称琉璃，是一种透明、强度及硬度颇高，不透气的物料。玻璃在日常环境中呈化学惰性，亦不会与生物起作用，故用途非常广泛。玻璃一般不溶于酸（例外：氢氟酸与玻璃反应生成 SiF_4，从而导致玻璃的腐蚀）；但溶于强碱，例如氢氧化铯。在生活中，由于玻璃晶莹、形态规则，在生活中经常被误会为是晶体家庭的成员。玻璃是一种非晶形过冷液体。融解的玻璃迅速冷却，各分子因为没有足够时间形成晶体而形成玻璃。

玻璃——马赛克工艺花瓶

“玻璃——奇迹的创造者”。国外有一位学者这样评价道。这种评价是否过分呢？让我们来看一看，玻璃的“发展史”和它在今天的用途吧。

那么，玻璃是怎样诞生的呢？

传说很久以前，有一只腓尼基商船，从非洲贩运一批天然碱。一天，狂风骤起，恶浪滔天。他们决定靠岸抛锚，在沙滩暂作停留。船上的人，肚子饿得咕咕作响。于是，他们拖着沉重的双脚，踏遍沙滩寻找石头，准备砌灶升炊。可是，大家一无所得。这时，一个聪明的水手从船舱搬来几块大碱料，围成了炉灶，升起了火，才得饱餐一顿。翌日清晨，在他们拔起锅灶准备启航的时候，水手们突然发现一块亮晶晶的东西留在灰烬上，它像一块宝石，在晨曦下熠熠发光。

这就是流传已久的发明玻璃的故事。尽管这个传说不足为信，但是它告诉人们，玻璃是由砂子、纯碱等原料熔制出来的。

琉璃玻璃

今天，玻璃这个材料王国的老前辈，已经不单是用来制造水杯、玻璃窗、瓶瓶罐罐、镜子和各种玲珑细巧的艺术品了，它已经迈出日常生活的门槛，大踏步地跨进了科学技术的各个领域。

今天世界上的玻璃制品种类繁多，有如繁花异卉，争奇斗艳。从实验室的试管、烧杯、烧瓶，到化工厂的管道、塔柱设备；从体温计、注射器，到 X 射线管、荧光屏、红外灯、紫外灯；从揭开星空之谜的天文望远镜，到识破微生物行踪的显微镜；从耐热玻璃到防弹、防辐射玻璃；从玻璃纤维到光导纤维。还有许许多多特种玻璃：电光玻璃、声光玻璃、变色玻璃、微孔玻璃等等，可以说，离开了玻璃，现代科学技术的发展是不能设想的。

基本小知识

显微镜

显微镜是由一个透镜或几个透镜的组合构成的一种光学仪器，是人类进入原子时代的标志。是主要用于放大微小物体使人的肉眼所能看到的仪器。显微镜分光学显微镜和电子显微镜：光学显微镜是在 1590 年由荷兰的杨森父子所首创。现在的光学显微镜可把物体放大 1600 倍，分辨的最小极限达 0.1 微米，国内显微镜机械筒长度一般是 160 毫米。

步入工业化时代，人们十分重视居住地和办公楼的隔音、绝热、避震、耐火及防盗。现代化高楼大厦的正面均安装着巨大的反光玻璃。这种玻璃虽然很薄，但由于材料纯净且具有经过精确计算的内预应力，故能经受住特大风压、厚重积雪及其他外力，其表面上的防风雨涂层则能防止热辐射。多层充气玻璃可降低热传导。如德国制造的一种 3 层绝缘玻璃，其隔热性能不逊于 40 多厘米厚的砖墙。多层充气玻璃可将机场噪声降低到偏僻住所夜间的安静程度。由不同厚度层与层之间充以坚硬塑料薄膜的特种玻璃及其他安全玻璃，既经得起重锤猛敲，亦不怕手枪射击。涂有透明软稠物质的 3 层玻璃具有防火性质：火焰喷在其上，软稠物质便泛起泡沫，使这种玻璃成为不易燃烧的材料。特别适于用来制作炉灶观察窗的玻璃，在零下 200℃和 700℃之间根本不发生变化。

通过实验证明，在硼硅玻璃大容器里发酵葡萄酒远优于使用传统木桶酿制的葡萄酒，因为玻璃容器内发酵后的葡萄酒不再氧化，故味道更为醇香可口。

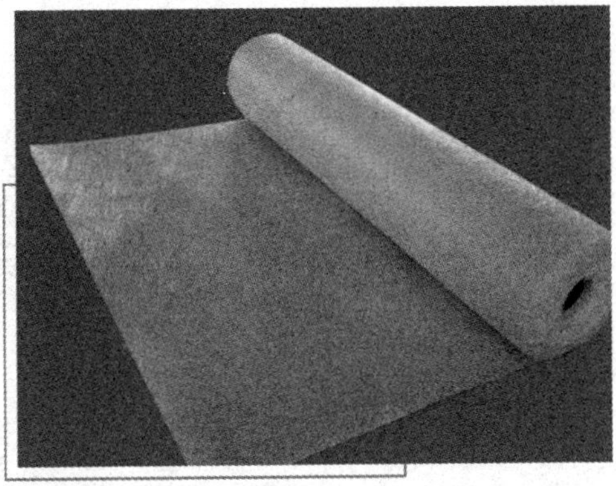

玻璃纤维

内科医生通过光导纤维可观察病人胃部。外科大夫则多采用玻璃陶瓷制品取代因事故或疾病而损坏的骨头、关节、牙齿或中耳听骨等。这种材料不但不影响活的人体组织，而且还能与这些组织长在一起。

随着科学技术的发展，各种新型玻璃将不断出现，它将渗透到一切领域中去，帮助我们攻克前进道路上的一个个障碍，攀登科学的峰巅。如果说玻璃是“奇迹的缔造者”，那么，我们人类则是这个“奇迹的缔造者”的缔造者。

玻璃是一种透明的无定形体，质硬但“碰”不得，一碰即碎。不过，玻璃家族是一个庞大的集体，这里就给大家介绍一种与玻璃有着紧密亲缘关系的新材料——玻璃纤维和玻璃钢。

玻璃钢

有这样一家纺织厂，它的原料既不是棉花、羊毛，也不是蚕丝与化纤。织出的布，像绸缎一样柔软光亮，不怕虫咬，也不怕酸碱的腐蚀，即使放在火中也烧不起来……它是用什么东西做的？是石头，更确切地说，是石灰石、纯碱与砂子。那些不就是制玻璃的原料吗？是的。这家纺织厂纺出的正是玻璃纤维，织的正是玻璃布。

玻璃纤维和玻璃布是怎样纺织的呢？让我们到这家纺织厂去参观一下。

这家纺织厂的原料场上堆满了石灰石、砂子和纯碱。石灰石的主要成分是碳酸钙（$CaCO_3$）。砂子是比较纯的二氧化硅（SiO_2），而纯碱来自化工厂，叫碳酸钠，它在我国西北盐湖中也有出产。

经过精选的原料各自用破碎机碾成细粉。洁白的细粉通过传送带汇集到一起，按一定比例混和后送入一个30多米长的窑。窑的两旁有好几对炉子，向窑中喷出炽热的煤气火舌。

玻璃液是一种组成不固定的硅酸盐的混和物。用式子来表示其成分：$Na_{20} \cdot CaO \cdot 6SiO_2$。

玻璃液可以吹制玻璃瓶，拉

拓展阅读

石灰石的成分

石灰石主要成分是碳酸钙（$CaCO_3$）。石灰和石灰石大量用作建筑材料，也是许多工业的重要原料。石灰石可直接加工成石料和烧制成生石灰。石灰分为生石灰和熟石灰。生石灰的主要成分是CaO，一般呈块状，纯的为白色，含有杂质时为淡灰色或淡黄色。生石灰吸潮或加水就成为消石灰，消石灰也叫熟石灰，它的主要成分是$Ca(OH)_2$。熟石灰经调配成石灰浆、石灰膏、石灰砂浆等，用作涂装材料和砖瓦粘合剂。

伸平板玻璃。我们只去看看用玻璃液纺玻璃纤维的车间。

玻璃纤维车间内明亮宁静，没有纺织厂纱绽旋转的喧闹声。车间内并排放着一系列的小巧的白金坩埚，坩埚里放着熔化的玻璃液。在白金坩埚底上有上千个微小的比针眼还小的孔。玻璃液顺着孔流下就变成比蜘蛛丝还要细得多的玻璃丝，并缠绕在一个转鼓上。转鼓在马达的带动下，飞快地旋转。用这样的玻璃丝可制成防火衣。这套衣服还包括帽子、面罩及靴子，好像潜水衣似的。衣服表面喷镀上一层铝，所以银光闪闪。穿上这种衣服，可以在几百度的高温下工作，它比石棉衣服更轻巧。由于玻璃布耐热、轻巧，连宇宙航行员的服装也用涂有聚四氟乙烯的玻璃布制成。

洁白如雪、柔软轻盈的玻璃棉是非常好的隔音、绝热材料。冰箱、冷藏车、锅炉都用得上它，甚至喷气式飞机、宇宙飞船都用它做隔热材料。大家都知道，水泥块耐压，钢材耐拉。用钢材作筋骨，水泥砂石作肌肉，让它们凝成一体，互相取长补短，变得坚强无比——这就是钢筋混泥土。同样，用玻璃纤维作筋骨，用合成树脂（酚醛树脂、环氧树脂及聚酯树脂等）作肌肉，让它们凝成一体，制成的材料，其抗拉强度可与钢材相媲美——因此得名叫玻璃钢。

在一个群山环抱、绿树成荫的山谷里。试验正在进行，远在200米以外掩体后的人们，眼睛都盯着山谷中央放着的一个氧气瓶。压缩机有节奏地转动着，通过合金钢管道向那氧气瓶接连不断地充气。压力表上的指针牵动着每个人的心。读数从10、20、30、40、50渐渐上升，直到70兆帕的时候，只听得一声震天巨响，氧气瓶爆炸了！周围的人们欢呼着跳起来："成功了！"

氧气瓶是一种耐高压的容器。它所承受的工作压力是15兆帕。为了使用安全可靠，制造时要求它能忍受3倍的工作压力，即达到45兆帕也不爆裂，才算合格。上面试验的氧气瓶，远远超过了设计要求。这是用什么钢材制成的？它不是钢材，而是玻璃钢制成的。

玻璃是硬而脆的材料，一摔就碎。这玻璃钢制的氧气瓶经得起摔打吗？于是又进行了新的试验。

将另一只玻璃钢氧气瓶充气到15兆帕的工作压力，从山顶推下山谷。它与嶙峋的岩石碰撞着，一直摔到谷底仍然没有爆裂。玻璃钢氧气瓶通过了质量鉴定考试。

玻璃钢是发展迅速的一种复合材料。玻璃纤维产量的70%都是用来制玻璃钢。玻璃钢坚韧，比钢材轻得多。喷气式飞机上用它作油箱和管道，可减轻飞机重量。登上月球的宇航员，他们身上背的微型氧气瓶，也是用玻璃钢制成的。

玻璃钢加工容易，不锈不烂，不需油漆。我国已广泛采用玻璃钢制造各种小型汽艇、救生艇及游艇，节约了不少钢材。化工厂也采用酚醛树脂的玻璃钢代替不锈钢做各种耐腐蚀设备，大大延长了设备寿命。

玻璃钢无磁性，不阻挡电磁波通过。用它来做导弹的雷达罩，就好比给导弹戴上了一副防护眼镜，既不阻挡雷达的“视线”，又起到防护作用。现在，许多导弹和地面雷达站的雷达罩都是用玻璃钢制造的。

基本小知识

电磁波

电磁波（又称电磁辐射）是由同相振荡且互相垂直的电场与磁场在空间中以波的形式移动，其传播方向垂直于电场与磁场构成的平面，有效地传递能量和动量。电磁辐射可以按照频率分类，从低频率到高频率，包括有无线电波、微波、红外线、可见光、紫外光、X－射线和伽马射线，等等。人眼可接收到的电磁辐射，波长大约在380至780纳米之间，称为可见光。只要是本身温度大于绝对零度的物体，都可以发射电磁辐射，而世界上并不存在温度等于或低于绝对零度的物体。

晶洞奇观

晶洞，或称晶球，是一种在美国、巴西和墨西哥比较常见的地质构成，其实质上是岩石内部的气泡晶体构成，一般内部含有石英晶体和玉髓沉积，晶球的外部为石灰石或相关岩石。其他完全由晶体填充的被称作矿瘤。

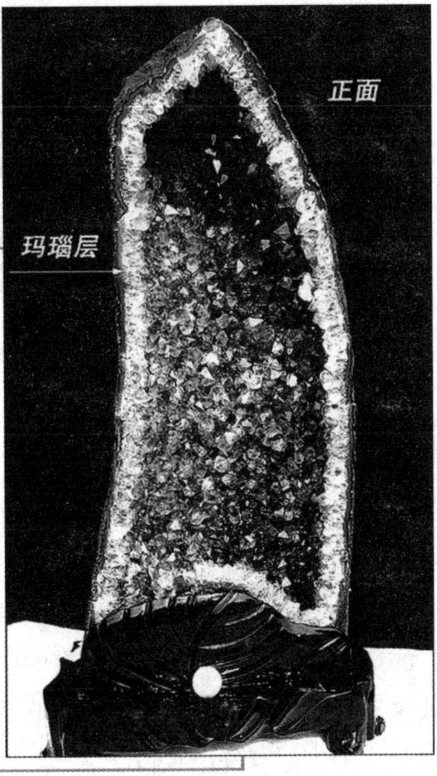

晶洞奇观

地质学家目前为止对晶洞形成还没有广泛认同的理论，但相信晶洞可以在任何埋藏的空腔内形成。这些空腔可以是火成岩中的气泡、树根下的空穴，甚至动物挖的地洞。经过漫长时间，空腔的外壁变硬，溶解的矽酸盐和方解石沉积到内壁。再经过漫长的时间，缓慢渗入的矿物使得晶体在空腔内部结晶。随后，经过数百万年，晶球随着地质运动回到地质表层。

多样的晶体大小、形状和颜色深浅使得每个晶洞都较为独特。一些是纯净的石英晶体，另一些则是深紫色的紫水晶。其他的可能是玛瑙、玉髓或碧玉等等。只有切开或打碎晶球才能确定它是否实心和到底含有什么晶。“大水晶洞”位于墨西哥奇瓦瓦地区南部的矿洞中，这些水晶体形成于一个由基岩包围的天然洞穴。晶洞中一些壮观的水晶体像松树一样高，还有一些水晶体圆周很大，它们都呈现半透明金色或银色，具有令人难以置信的形状和结构。同时，在大水晶洞里还发现一些石灰岩体，这种石灰岩在采矿时

大水晶洞

经常出现在银、锌或铅等矿石中，很可能是在矿物质缩小衰退过程中，热液沉积金属分解出现石膏晶体化时形成的。

由于淹没在矿物质丰富的水当中，水晶长得很快。这些水的温度稳定，通常保持在58℃左右。在此温度下，无水石膏与水结合生成石膏，长期积累从而形成了洞穴中的水晶。

瑞晶洞

是谁造出的“仙境”

“桂林山水甲天下，锦绣山河美如画”。游览过桂林山水的人都会这样赞美它。特别是桂林的溶洞，如果你走进七星岩、芦笛岩，将会看到里面的石笋、石钟乳有的像飞龙，有的像雄狮，有的又像翩翩起舞的仙女，而有的像凌冰、桌椅，千姿百态，真好似到了神仙境界，美妙极了。桂林岩洞里的石笋、石钟乳确实是奇丽、富于诗意。它招引了不少的游客，受到古今多少诗人的赞美。然而，那些美丽的石笋、石钟乳是怎样形成的呢？是石灰岩地区地下水长期溶蚀的结果，石灰岩里不溶性的碳酸钙受水和二氧化碳的作用能转化为微溶性的碳酸氢钙。由于石灰岩层各部分含石灰质多少不同，被侵蚀的程度不同，就逐渐被溶解分割成互不相依、千姿百态、陡峭秀丽的山峰和奇异景观的溶洞。如闻名于世的桂林溶洞、北京石花洞，就是由于水和二氧化碳的缓慢侵蚀而创造出来的杰作。溶有碳酸氢钙的水，当从溶洞顶滴到洞底时，

广角镜

石灰岩的分类

石灰岩主要是在浅海的环境下形成的。石灰岩按成因可划分为粒屑石灰岩（流水搬运、沉积形成）；生物骨架石灰岩和化学、生物化学石灰岩。按结构构造可细分为竹叶状灰岩、鲕粒状灰岩、豹皮灰岩、团块状灰岩等。石灰岩的主要化学成分是$CaCO_3$，易溶蚀，故在石灰岩地区多形成石林和溶洞，称为喀斯特地形。

由于水分蒸发或压强减少，以及温度的变化都会使二氧化碳溶解度减小而析出碳酸钙的沉淀。这些沉淀经过千百万年的积聚，渐渐形成了钟乳石、石笋等。如果溶有碳酸氢钙的水从溶洞顶上滴落，随着水分和二氧化碳的挥发，则析出的碳酸钙就会积聚成钟乳石、石幔、石花。洞顶的钟乳石与地面的石笋连接起来了，就会形成奇特的石柱。

在自然界，溶有二氧化碳的雨水，会使石灰石构成的岩层部分溶解，使碳酸钙转变成可溶性的碳酸氢钙

$$CaCO_3 + CO_2 + H_2O = Ca(HCO_3)_2$$

当受热或压强突然减小时溶解的碳酸氢钙会分解重新变成碳酸钙沉淀

$$Ca(HCO_3)_2 = CaCO_3\downarrow + CO_2\uparrow + H_2O$$

大自然经过长期和多次的重复上述反应，从而形成各种奇特壮观的溶洞，如桂林的七星岩、芦笛岩，肇庆的七星岩等。在溶洞里，有千姿百态的钟乳和石笋，它们是由碳酸氢钙分解后又沉积出来的碳酸钙形成的。

七星岩

世界上最大的溶洞是北美阿巴拉契亚山脉的犸猛洞，位于肯塔基州境内，洞深 64 千米，所有的岔洞连起来的总长度达 250 千米。洞里宽的地方像广场，窄的地方像长廊，高的地方有 30 米高，整个洞平面上迂回曲折，垂直向上可分出三层。雨季，整个洞内都有流水，形成为地下河流，在坡折处河水跌落，形成瀑布；旱季，局部地区有水，成地下湖泊，可能还有积水很深的潭，不妨称无底潭。

中国现知最长的溶洞是湖北利川市腾龙洞，长约 40 千米；最深的为贵州水城吴家大洞，深 430 米。

中国是个多溶洞的国家，尤以广西境内的溶洞著称，如桂林的七星岩、芦迪岩等。北京西南郊周口店附近的上方山云水洞，深 612 米，有七个“大厅”被一条窄长的“走廊”相连，洞的尽头是一个硕大的石笋，美名十八罗汉，石笋背后即是深不可及的落水洞，也有一定规模。周口店的龙骨洞，洞

虽不大，却是我们老祖宗的栖身地。

奇特的显示材料——液晶

液晶作为一种新型电子显示材料在电子工业中享有盛誉，它已广泛应用于各种电子表、电子计算机、数字电压表和大屏幕电视机中。什么是液晶呢？所谓液晶就是液态晶体，它是一种既具有液态的流动性，又具有晶体的光学和电学特性的中间状态，也称为介晶相。某些有机物从固相加热或从液相冷却就可得到液晶相。液晶为什么会显示图像呢？这是因为当液晶受到外界电场、磁场和声能的刺激时，会引起光学效应。液晶显示利用的就是液晶的电光效应。如果在液晶薄膜上加电压，就会改变液晶对光的反射和透射情况，从而显示出图像来。

基本小知识

磁场

磁场是一种看不见、摸不着的特殊物质，它具有波粒的辐射特性。磁体周围存在磁场，磁体间的相互作用就是以磁场作为媒介的。磁场是电流、运动电荷、磁体或变化电场周围空间存在的一种特殊形态的物质。由于磁体的磁性来源于电流，电流是电荷的运动，因而概括地说，磁场是由运动电荷或电场的变化而产生的。

液晶显示有三大优点：①液晶本身不发光，只是反射环境光。因此白天光线越强，它反射的图像越清晰，不像电视荧光屏那样，必须在暗处才能看清楚。②用于显示的液晶的厚度一般在几十微米以下，加上电极板也只有几毫米，所以液晶元件一般薄而轻，应用十分方便。③液晶显示器耗电量一般极低，基本上不耗电能，所以用在以电池作为电源的袖珍仪表显示板上最理想。液晶材料一般是人工合成的有机化合物。例如常用的向列型液晶，其分子排列好像一束松散的缚在一起的铅笔头，它是一种甲亚胺族化合物；胆甾型液晶是胆固醇的衍生物。用于电子显示的液晶，例如电子手表显示屏，仪器上的液晶数码器等，都是几种向列型液晶的混合体，这样可降低材料的工作温度，保证在室温或更低温度下使用。

近几年来高分子液晶材料有了很大发展，它是一类新型的特种高分子材料，已经以纤维、复合材料和注模制件等广泛用于航空、航海和汽车等工业部门。如芳纶—1414 液晶纤维，与等重量的钢材相比，抗张强度是钢的 5 倍，被称为“梦的纤维”。对液晶显示材料也应一分为二，目前尚有一定的不足之处，主要是响应速度不快（毫秒级），工作寿命比较短，一般用于直流电的寿命是 3000～5000 小时，用于交流电的寿命是 10000 小时左右，所以电子手表用上 3～5 年就必须更换液晶数字显示屏。不过，液晶的这些不足之处，一定会不断得到改进，各种新型液晶材料定会不断涌现，为人类生活增光添彩！

自古以来，人们只知道石英、金刚石、食盐、白糖之类固体晶体。1888 年，澳大利亚植物学家拉伊尼奇发现，苯甲酸胆固醇是一种有机液体，能够流动，却又具有结晶体的光学特性。翌年，德国物理学家利曼也发现了这一现象，便给它起名为“液体晶体”，简称“液晶”。1922 年，法国的福利迪尔又根据用显微镜观察到的不同形态，把液晶分成三种类型：近晶型、向列型、胆甾型，并进行了重要研究。

智能液晶报警系统

虽说液晶的发现是科学上的一大突破。不过，当时人们不知道液晶可以派什么用场。液晶在实验室的玻璃柜里，委屈了几十年。直到 1968 年，人们发现液晶可以作为电子工业上的重要显示材料，具有许多奇异的特性。比如，通常它的分子排列整齐有序，清澈透明。然而，加上直流电场以后，分子的排列被打乱了，不透明了，变成深色，这叫“电光效应”。电子表里，装有金属薄膜电极，通电后，某一部分液晶变得不透明，就显示出数字来。液晶本身不会发光，而是把周围的光线反射显示出数字或图像，所以越是在光线强烈的地方，反而越是清晰。它在暗处无法显示。

胆甾型的液晶，是条“变色龙”，会随着温度的高低而改变颜色，这叫“温度效应”。现在，人们在检查癌症时，在病灶附近皮肤上，涂了一层液晶。

病灶上的癌细胞集中，活动特别厉害，温度往往比四周高。这样，利用液晶显示的不同颜色，可以判断病灶的位置、大小、形状。人们还制成膏药似的液晶片，贴在病人前额，护士一看液晶片的颜色，可以随时知道病人的体温。对于护理发烧中的病人，无疑是提供了方便。

有的液晶遇上氯化氢、氢氰酸之类有毒气体，也会变色，叫做“理化效应”。在化工厂里，人们把液晶片挂在墙上，一旦有微量毒气逸出，液晶变色了，提醒人们赶紧去查漏、堵漏。

液晶，已经把它的触角广泛地伸入现代科学的各个领域。1991 年 5 月初，在英国伦敦豪华的萨伏依大饭店的展演厅内，正举行着英国皇家化学学会成立 150 周年的盛大庆典。

会上，一场别出心裁的熠熠生辉的时装表演不仅给庆典增添了气氛，更使与会者赞叹不绝。

这批时装的面料与常规的时装面料截然不同，它能在 28℃ ~ 33℃ 的温度范围内，随温度的改变而变化出丰富的色彩。在 28℃ 时，衣服会显现红色；在 33℃ 时，衣服又会显现出蓝色。当女模特儿穿在身上时，由于身体各部位体温的变化，会使服装显现出像彩虹般迷人的色彩。这就是不久前由英国英克化学公司花了 10 年时间刚开发出的一种液晶时装。

这种新款服装面料所染用的染料是由悬浮在水状黏合树脂中的小胶囊所构成。小胶囊内含有液晶材料，胶囊则由不溶于水的凝胶物质交连而成，可以保护液晶材料不会因其他溶剂和增塑剂的影响而降解，并丧失受热变色的特性。这种染料可用常规方法

拓展阅读

增塑剂的分类

增塑剂的品种繁多，在其研究发展阶段其品种曾多达 1000 种以上，作为商品生产的增塑剂不过 200 多种，而且以原料来源于石油化工的邻苯二甲酸酯为最多。

增塑剂的分类方法很多。根据分子量的大小可分为单体型增塑剂和聚合型增塑剂；根据物状可分为液体增塑剂和固体增塑剂；根据性能可分为通用增塑剂、耐寒增塑剂、耐热增塑剂、阻燃增塑剂等；根据增塑剂化学结构分类是常用的分类方法。

涂敷在一种黑色的织物表面，形成一层35～40微米厚的受热变色染料层，使反射光能随温度的变化而显现出变幻不定的色彩。

那么，反射光如何随着温度的变化而显现出不同的色彩呢？原来，关键还在于胶囊内的液晶材料的分子结构。这里使用的液晶材料是一种棒状分子，这些棒状分子聚集在一起，会形成类似于弹簧状的螺旋构型。这种弹簧状的螺旋构型会随着温度的变化而自动伸长或收缩，从而使反射光的颜色也随之发生变幻不定的色彩。

在此基础上，英克化学公司还开发出了变色范围从零下20℃～100℃以上的各种受热变色液晶材料。这些材料对温度的变化极为灵敏，能把整个可见光谱范围内的所有变化包含在不到1℃的范围内。由于温度变化的范围小，因而使它的应用范围大为扩展，为工业、医学和某些领域的研究和应用，提供了一个全新的手段。

随着人们对液晶材料的不断研究、开发，液晶这种崭新的材料一定会带给我们更多的方便与实惠。

金属王国猎奇

金属是一种具有光泽（即对可见光强烈反射）、富有延展性、容易导电导热等性质的物质。金属的上述特质都跟金属晶体内含有自由电子有关。

1. 金属中延展性最好的是Au，常温下导电好的依次是Ag、Cu、Al。

2. 金属有几种分类方法：

（1）冶金工业分类法可分为黑色金属和有色金属。

黑色金属：铁、铬、锰三种。

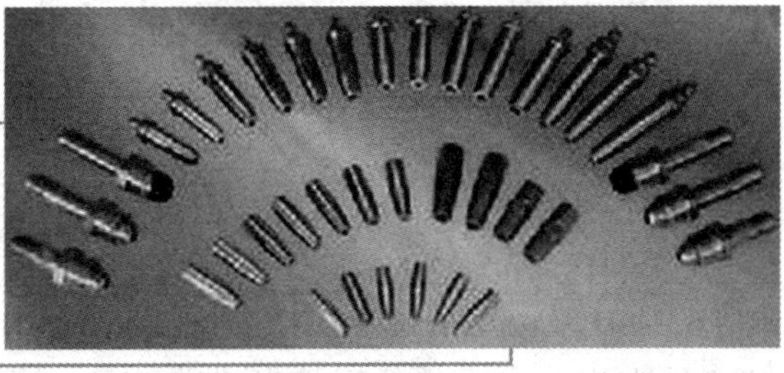

有色金属材料

有色金属：铝、镁、钾、钠、钙、锶、钡、铜、铅、锌、锡、钴、镍、锑、汞、镉、铋、金、银、铂、钌、铑、钯、锇、铱、铍、锂、铷、铯、钛、锆、铪、钒、铌、钽、钨、钼、镓、铟、铊、锗、铼、镧、铈、镨、钕、钐、铕、钆、铽、镝、钬、铒、铥、镱、镥、钪、钇、硅、硼、硒、碲、砷、钍。

（2）可把金属分为常见金属和稀有金属。

常见金属：如铁、铝、铜、锌等。

稀有金属：如锆、铪、铌、钽等。

（3）其他的分类。

①轻金属。密度小于4500 千克/米^3，如铝、镁、钾、钠、钙、锶、钡等。

②重金属。密度大于 4500 千克/米^3，如铜、镍、钴、铅、锌、锡、锑、铋、镉、汞等。

③贵金属。价格比一般常见金属昂贵，地壳丰度低，提纯困难，如金、银及铂族金属。

④半金属。性质价于金属和非金属之间，如硅、硒、碲、砷、硼等。

⑤稀有金属。包括稀有轻金属，如锂、铷、铯等。

⑥稀有难熔金属。如钛、锆、钼、钨等。

⑦稀有分散金属。如镓、铟、锗、铊等。

⑧稀土金属。如钪、钇、镧系金属。

⑨放射性金属。如镭、钫、钋及阿系元素中的铀、钍等。

古老而又年轻的金属——铁

铁是地球上分布最广的金属之一，约占地壳质量的5.1%，居元素分布序列中的第四位，仅次于氧、硅和铝。

在自然界，游离态的铁只能从陨石中找到，分布在地壳中的铁都以化合物的状态存在。铁的主要矿石有：赤铁矿 Fe_2O_3，含铁量在 50% ~60% 之间；磁铁矿 Fe_3O_4，含铁量 60% 以上，有亚铁磁性，此外还有褐铁矿 $Fe_2O_3 \cdot nH_2O$、菱铁矿 $FeCO_3$ 和黄铁矿 FeS_2，它们的含铁量低一些，但比较容易冶炼。中国的铁矿资源非常丰富，著名的产地有湖北大冶、东北鞍山等。

铁元素的发现。据说，当年耶路撒冷庙落成后，所罗门王举行了盛大宴会，请所有参与施工的工匠赴宴。席间，所罗门王提出一个问题：“谁在神庙的建造中贡献最大?”瓦工、木工、土工一一起身应答，都认为自己贡献最大。所罗门王见了大笑，分别问他们：“你的工具是谁打造的?”结果他们的回答也都是一样的：“铁匠打造的。”于是，所罗门王赐给铁匠一盅美酒，宣布：“铁匠才是贡献最大的人!”这个传说告诉我们，大约在3000年前，铁已经在西亚广泛发挥作用了。

广角镜

地壳结构

地壳分为上下两层。上层化学成分以氧、硅、铝为主，平均化学组成与花岗岩相似，称为花岗岩层，亦有人称之为“硅铝层”。此层在海洋底部很薄，尤其是在大洋盆底地区，太平洋中部甚至缺失，是不连续圈层。下层富含硅和镁，平均化学组成与玄武岩相似，称为玄武岩层，所以有人称之为“硅镁层”（另一种说法，整个地壳都是硅铝层，因为地壳下层的铝含量仍超过镁；而地幔上部的岩石部分镁含量极高，所以称为硅镁层）；在大陆和海洋均有分布，是连续圈层。两层以康拉德不连续面隔开。

铁是古代就已知的金属之一。铁矿石是地壳主要组成成分之一，铁在自然界中分布极为广泛，但人类发现和利用铁却比黄金和铜要迟。首先是由于天然的单质状态的铁在地球上非常稀少，而且它容易氧化生锈，加上它的熔点（1812K）又比铜（1356K）高得多，就使得它比铜难于熔炼。在融化铁矿石的方法尚未问世，人类不可能大量获得生铁的时候，铁一直被视为一种带有神秘性的最珍贵的金属。

古代铁器

大约距今有5000多年，那时候的铁是从天而降的陨铁。陨铁是铁和镍、钴等金属的混和物，其中含铁的百分比常高达90%以上。在埃及、伊朗和中国等地发现的最早铁器，经鉴定证明都是用陨铁打制的。为此，古代巴比伦人把铁称作“天上来的金属”；

在希腊文里，“星”和“铁”是同一个词。更有意思的是，公元前16世纪的埃及人认为既然铁是从天而降的，那么天必然是由一个铁盘子构成的。

可使人十分奇怪的是，甚至到18世纪末时，欧洲许多学者还不相信天上会掉下铁来。即使是聪明绝顶的拉瓦锡，也还在1772年说：“天上落下铁石是不存在的事。”联想到在历史上，有许多科学事实曾被人们反复认识，肯定、否定、再肯定……不由令人感叹：要认识一个真理是多么的困难啊！

由于陨铁的数量不多，所以初期的铁是很珍贵的，甚至有些地方把铁看得比金子还贵重。在阿拉伯人中就有这样的传说，天上的金雨落进沙漠就变成了黑色的铁。在埃及陵墓陪葬的珍宝中，有用铁珠子与金珠子交替串连而成的项链。还曾发现过公元前1250年，埃及法老致赫梯国王要求提供铁的一封信及赫梯国王的回信，回信中答应提供一把铁剑，但要求用黄金交换。

既然铁如此珍贵，就促使人类从坐等“天石”到主动向地球索铁。应该说，铁毕竟是地球上分布最广泛的元素之一，也是地壳中含量占第二位的金属，所以铁矿的发现是不难的。但要从铁矿石中把铁炼出来并不容易，因为铁的熔点较高，铁的化学性质又比铜活泼得多，将它从矿石中还原出来难度很大。

大约在公元前2000年，居住在亚美尼亚山地的基兹温达部落就已经开始使用冶炼得到的铁了。估计是因为他们在冶炼铜矿石时采用了氧化铁为助熔剂，无意中还原出铁来的。后来，更多的地方掌握了炼铁技术，如，在公元前1400年的小亚细亚的赫梯人，在公元前1300年的两河流域的亚述人都掌握了这项技术。我国从东周时就有炼铁，至春秋战国时代普及，是较早掌握冶铁技术的国家之一。1973年在我国河北省出土了一件商代铁刃青铜钺，表明我国劳动人民早在3300多年以前就认识了铁，熟悉了铁的锻造性能，识别了铁与青铜在性质上的差别，把铁铸在铜兵器的刃部，加强铜的坚韧性。经科学鉴定，证明铁刃是用陨铁锻成的。随着青铜熔炼技术的成熟，逐渐为铁的冶炼技术的发展创造了条件。我国最早人工冶炼的铁是在春秋战国之交的时期出现的。这从江苏六合县春秋墓出土的铁条、铁丸和河南洛阳战国早期灰坑出土的铁锛均能确定是迄今为止的我国最早的生铁工具。生铁冶炼技术的出现，对封建社会的作用可以与蒸汽机对资本主义社会的作用媲美。

铁的性能较青铜好，因此，铁一旦变得比较便宜时，人们便舍铜就铁了。大约在距今2500年前人类进入了铁器时代。这个“铁器时代”一直延续到了今天。

铁制工具的大量出现，社会生产力的显著提高，对社会的发展产生了巨大影响。有些民族因此而迅速地由原始社会过渡到奴隶社会。古希腊和罗马的奴隶社会，就是伴随铁器时代同步到来的。在古代中国，由于有更合适的农业条件，所以在拥有青铜工具后，便已进入奴隶社会，而一旦铁制工具取代青铜工具后，社会便又向封建制过渡。可以说，没有一种元素，能像铁这样，对人类社会的变更产生过如此重大的影响。恩格斯对铁就下过这样的评价：“它是在历史上起过革命作用的各种原料中最后和最重要的一种原料。”

知识小链接

青 铜

青铜原指铜锡合金，后除黄铜、白铜以外的铜合金均称青铜，并常在青铜名字前冠以第一主要添加元素的名。锡青铜的铸造性能、减摩性能好和机械性能好，适合于制造轴承、涡轮、齿轮等。铅青铜是现代发动机和磨床广泛使用的轴承材料。铝青铜强度高，耐磨性和耐蚀性好，用于铸造高载荷的齿轮、轴套、船用螺旋桨等。铍青铜和磷青铜的弹性极限高，导电性好，适于制造精密弹簧和电接触元件，铍青铜还用来制造煤矿、油库等使用的无火花工具。

古代炼铁的原料是铁矿石和炭。把铁矿石和炭放在炉子里一起烧，矿石中的氧和炭合成二氧化碳跑掉了，剩下来的就是铁。最早的炼铁炉很小，让自然风吹进去，炉内温度不高，炼出来的是半熔状态的铁砣砣，还得用锤子不断敲打，去掉杂质，才能锤打成熟铁用具。当时世界各地的炼铁大抵都是这样的情况。

后来，聪明的中国人向前迈了一大步。英国的科学史家贝尔纳在他权威的《历史上的科学》一书中说：“在古时候作为金属的铁都有一个很严重的缺点，就是炉中鼓风不够就熔不了它，所以浇铸就留给青铜独用了。例外的是中国，早在公元前2世纪，中国已能铸铁。”

其实，中国人的铸铁至少可上溯到公元前 513 年。那一年，晋国已能铸造刑鼎，就是将铁水注进模子中，铸成一只上面有刑书文字的铁鼎。当时的中国人将炼铁炉修得很大，用几只皮囊从四面鼓风进炉内，炉子温度提高了，铁矿石炼成铁水流出来，这就可以用翻砂的办法，把铁水浇在模子里铸成各种用具和兵器了。中国人发明的铸铁方法，欧洲人直到 13 世纪末才开始应用，他们是用水车带动风箱吹风的。

不过，虽说各大洲的人民几乎同时知道金、银和铜，但是对于铁的情况却不同。非洲中南部、美洲等地较亚洲、欧洲，用铁竟要晚上 2000 年。18 世纪英国著名航海家库克在抵达太平洋上的一些岛屿时，惊讶地发现当地居民竟然不识铁为何物。以致他的船员可以用一把破旧的铁刀从土著居民那里换取到一头猪！

最后要说的是，虽然人类很早就与铁为伴，但铁的真正崛起，却要晚至 18 世纪末：1778 年建成了第一座铁桥，1788 年采用了第一根铁管，1818 年第一艘铁船下水，1825 年，第一根铁轨铺设。18 世纪铁的登峰造极的作品大约要算建于 1889 年的巴黎艾菲尔铁塔了。尽管当时很多人考虑到铁的易锈蚀性，断定它的寿命不过数 10 年，可它终于笑傲百年风雨，至今仍雄峙在塞纳河畔，成为巴黎的一大标志景观。

古剑不锈之谜

金属生锈给人类造成了巨大损失。就拿钢铁来说，全世界每年因生锈而损耗的钢铁大概占当年产量的十分之一。

金属为什么生锈？这首先跟它自身的活动性有关。铁的性质比较活泼，所以铁容易生锈。而金的活动性很差，用金制成的珍品，保存数百年，仍然光彩夺目，熠熠闪光。

金属生锈还跟水蒸气、氧气等外界条件有密切关系。有人做过实验，在绝对无水的空气中，铁放了几年也不会生锈。或者把一块铁放在煮沸过的密闭的蒸馏水中，使铁接触不到氧气和二氧化碳，铁也不会生锈。这里可以向你介绍一个小实验，自己去发现铁生锈的奥秘。

人们想出了种种办法跟金属生锈作斗争。最常见的方法是给容易生锈的钢铁穿上“防护盔甲”。你看，大街上跑的小轿车，喷上了亮闪闪的喷漆。自行车的钢圈、车把上镀上了抗蚀性强的铬或镍。金属制品、机器零件出厂前，在表面涂上一层油脂。更彻底的办法是给钢铁服用“免疫药”，即在钢铁中加入适量的铬和镍，制成“不锈钢”，这种钢铁具有抵御水和氧气侵蚀的能力。

人类与金属生锈斗争的历史已经很漫长了。劳动人民曾为此写下了光辉的一页。你听说过“古剑不锈”这个故事吗？

1965 年 12 月，我国考古工作者在湖北江陵一座楚墓中发掘出两把宝剑，这是世界上最古老的青铜宝剑，其中一把上刻有“越王勾践自作用剑”八个字。可见，它们埋在地底下已经 2000 多年了。可是，宝剑却依然光彩照人，毫无锈蚀之迹。尤其令人注目的是，金黄色剑身上布满漂亮的黑色菱形格子花纹，在剑身与剑把相连的剑格上，一边镶有绿松石，一边镶有蓝色玻璃，铸造得非常精致、美观。剑刃锋利异常，当试验者握剑轻轻一挥，竟把 19 层叠在一起的白纸斩断，真是锐不可当。这把宝剑在国外展出时，引

拓展阅读

不锈钢的发明

不锈钢（Stainless Steel）指耐空气、蒸汽、水等弱腐蚀介质和酸、碱、盐等化学浸蚀性介质腐蚀的钢，又称不锈耐酸钢。不锈钢的发明和使用，要追溯到第一次世界大战时期。英国科学家亨利·布雷尔利受英国政府军部兵工厂委托，研究武器的改进工作。那时，士兵用的步枪枪膛极易磨损，布雷尔利想发明一种不易磨损的合金钢。布雷尔利发明的不锈钢于 1916 年取得英国专利权并开始大量生产，至此，从垃圾堆中偶然发现的不锈钢便风靡全球，亨利·布雷尔利也被誉为“不锈钢之父”。

越王勾践的剑

起了很大的震动。

2000 多年前，我国古代的劳动人民就能铸造出如此的宝剑，怎能不叫人惊叹呢！

经过我国冶金、考古工作者应用现代的仪器和分析检验手段，终于弄清了这些古剑的成分及制作工艺，同时也揭开了古剑不锈之谜。

古剑是由青铜制造的。所用的青铜是由铜和锡为主要元素组成的合金。锡很软，铜的硬度也不算高，但将它们按一定重量比熔炼成合金——青铜，就变得坚硬了。而且加入锡的量越多，青铜的硬度也越高。我国劳动人民在长期青铜冶炼实践中，逐步弄清了合金成分、性能和用途之间的科学关系，并能人为地控制其成分配比。春秋战国时期的《周记·考工记》中有“金之六齐”的详细记载。这里的“金”指铜，“齐”指合金。“六分其金而锡居一，谓之钟鼎之齐。五分其金而锡之一，谓之斧斤之齐。四分其金而锡居一，谓之戈戟之齐。三分其金而锡之一，谓之大刃之齐。五分其金而锡之二，谓之削杀矢之齐。金锡半，谓之鉴燧之齐。”意思是说，含锡量为六分之一（16.6%）的青铜，适于制造钟鼎，而含锡量高的青铜，适合用来制造大刀和削、杀、矢一类兵器。实际上，含锡量为 17% 左右的青铜，为橙黄色，很美观，声音也美，这正是制造钟、鼎之类的理想材料……这是世界上最早的合金配比的经验总结。

经鉴定证明，越王勾践宝剑不是单一的青铜，而是由高锡青铜和低锡铜复合材料制成的，剑背含锡量为 10% 左右，而刃部含锡量则为 20% 左右。这样，就使脊部具有足够的韧性。保证在格斗中经得起撞击而不致折断；刃部坚硬、刃口锋利，保证在对刺中无坚不摧。此外，剑的成分还含有少量的镍和硫，以进一步提高此剑的使用性能及耐蚀性。

古剑在熔融浇铸成型后，还要经过研磨使它锋利。越王剑的刃口磨得非常精细，可以与现代精密磨床加工的产品相媲美。剑身的菱形格子花纹与乌黑发亮的剑格，都经过了硫化处理，这种处理就是让硫或硫的化合物与剑的表面发生化学作用形成一层保护层，经这种处理后，宝剑变得既美观，又增强了抗腐蚀的能力。

无论是古剑的工艺制作，还是材料的化学成分都是十分科学，而有些技术是近代开始应用的，我国古代工匠在 2000 年前是怎样用这种技术的，至今还是一个秘密，有待我们去揭穿。

锅中奇才——不锈钢

随着科学技术的进步和人民生活水平的提高，在家庭炊具中增添了一名新秀——不锈钢锅。这种锅可谓锅中奇才，与其他材料做成的锅相比，具有美观、耐用、耐热、不生锈等优点，因而愈来愈受到人们的青睐。

说起不锈钢来，还有一段偶然发明史。在第一次世界大战期间，英国军方委托一位科学家研制一种不易生锈的合金，以便用来制造枪管。他进行了多次试验都没有成功。一次，他研制出一种金属铬与钢的合金，经过实验认为仍不符合要求，便把它扔到了烂铁堆中。然而，几个月后，在清理烂铁堆时，奇迹发生了，那块铬钢光亮如新，而其他的铁都长满了锈。从此不锈钢也就应运而生了。

发展到今天，不锈钢已成为一个特殊钢系列。它是以铁和碳为基础的铁碳合金，只是出于耐腐蚀的特殊要求，使它含有更多的合金元素。通常加入的元素有铬、镍、锰、硅、钼、钛、铌、铜、钴等。不锈钢之所以不易生锈，是因为它含有较多的合金元素铬或镍。含铬的不锈钢称为铬不锈钢。铬的加入，能使金属表面生成一层很薄很致密的氧化膜，将金属与外界易发生化学反应产生铁锈的气体介质隔绝。含铬和镍的不锈钢叫铬镍不锈钢，这种钢由于加入了较多的铬镍合金元素，使它能抵御一些非氧化性介质的侵蚀。对于铬不锈钢来说，最低限度的含铬量为 11.7% （重量百分比），含铬低于这个数量的钢，一般不能称为不锈钢。不锈钢的耐腐蚀性，一般与含铬量有关，含铬量越高，则耐腐蚀越强。详见下表。

含量比例表

铬（%）	1	2	3	5	7	9	12	18.5
失重 毫克/分米^2·24 小时	6.79	5.50	4.44	5.0	2.78	2.49	0.20	0.04

基本小知识

合 金

合金，是由两种或两种以上的金属与非金属经一定方法所合成的具有金属特性的物质。一般通过熔合成均匀液体和凝固而得。根据组成元素的数目，可分为二元合金、三元合金和多元合金。中国是世界上最早研究和生产合金的国家之一，在商朝（距今3000多年前）青铜（铜锡合金）工艺就已非常发达；公元前6世纪左右（春秋晚期）已锻打（还进行过热处理）出锋利的剑（钢制品）。

正因为不锈钢不易锈蚀，所以有着广泛应用，它不仅可以做家庭炊具，而且可以做许多化工设备，如合成氨工厂里便需要20多种具有不同性能的不锈钢。在手表中，不锈钢的重量差不多占60%以上。所谓“全钢手表”就是指它的表壳和后盖全是用不锈钢做的。不锈钢炊具花色品种日益增多，备受众多家庭宠爱。

不锈钢

要用好不锈钢炊具，须注意以下几点：①不锈钢炊具一般都经过工艺抛光，壁较薄。洗刷宜用质地柔软的布料，不可用细沙搓擦。避免同硬物碰撞，也不宜用旺火煎炒，以免食物烧焦。②洗涤不锈钢炊具切勿使用强碱性和强氧化性的化学试剂，如苏打、漂白粉、碱粉和次氯酸钙等。因为这些洗涤用品都是强电解质，与不锈钢接触会起电化学反应。也不要用不锈钢锅煎中药，因中药含有多种生物碱、有机酸等，长时间煮沸，不可避免地与之发生化学反应，降低了药物的效应。③不锈钢锅盆不可久放食盐、酱油、菜汤等，因为这些食物中也含有较多的电解质，时间一长就会像其他金属一样，与这些电解质发生化学反应，炊具被破坏，食物受污染。因此，平时使用不锈钢炊具，用后即要冲洗干净，保持其清洁光亮，延长使用寿命。

今天，我们已无法想象，如果没有不锈钢世界会是怎样一副模样。不锈钢的诞生，是冶金学在20世纪取得的最重要成就之一。在此基础上，迄今已有100多种不同类型的合金投入商业生产。当年，英国科学家哈里·布雷诺预料到他从事的首创性工作将会满足飞机的燃气轮机的需要。但是他没有想到，到了50年代，冶金技术水平的提高会使人们对黑色冶金学的理解达到他那一代人所无法达到的深度；他也没想到，不锈钢和合金产品会有如此突飞猛进的发展。

改革开放以来，中国不锈钢需求增长非常快。2001年，中国就已经超过美国，成为世界不锈钢第一消费大国。近几年更是取得了长足的发展，中国在世界上的地位也迅速提高。

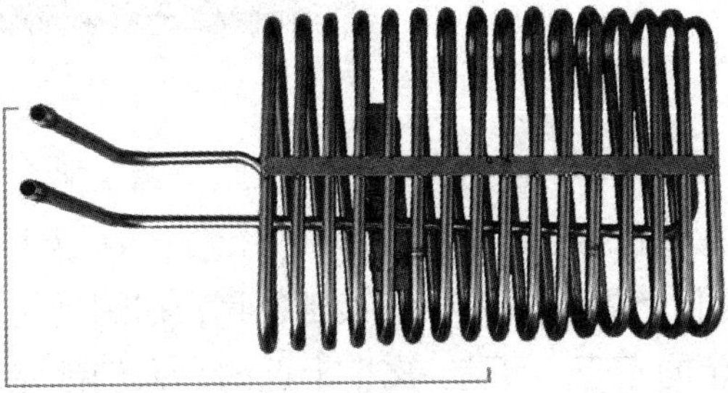

不锈钢

受国际金融危机、产能供大于求和镍价持续下跌的影响，2008年国内不锈钢产量和消费量出现负增长，但仍居世界首位。2008年，工业用不锈钢材料研制开发应用取得重要成果，双相不锈钢产量达到2万吨，同比增长2倍。2008年，国内不锈钢生产企业与用户共同开发新产品的趋势更加明显，研发产品的目标更加明

广角镜

金融危机的分类和特征

金融危机又称金融风暴（The Financial Crisis），是指一个国家或几个国家与地区的全部或大部分金融指标（如：短期利率、货币资产、证券、房地产、土地价格、商业破产数和金融机构倒闭数）的急剧、短暂和超周期的恶化。

金融危机可以分为货币危机、债务危机、银行危机等类型。近年来金融危机呈现多种形式混合的趋势。金融危机的特征是人们基于经济未来将更加悲观的预期，整个区域内货币币值出现较大幅度的贬值，经济总量与经济规模出现较大幅度的缩减，经济增长受到打击，往往伴随着企业大量倒闭的现象，失业率提高，社会普遍的经济萧条，有时候甚至伴随着社会动荡或国家政治层面的动荡。

确。在核电、石化等许多对使用材料条件要求更为苛刻的领域内，不锈钢已经不能满足这些特殊用户的需求，不锈钢材料正在向耐蚀合金扩展。

不锈钢材未来应用领域不断扩大。消费结构上，大客车、地铁、高速铁路用车等公共交通运输工具也广泛采用了不锈钢。中国家电行业是不锈钢应用潜在的大市场。此外，不锈钢在水工业、建筑业、环保工业等方面的需求也将逐年上升，不锈钢行业的发展具有广阔的发展空间。

战略金属“铝”建奇功

19 世纪中期的一天，法国皇帝拿破仑三世，就是曾威震欧洲的波拿巴·拿破仑的外甥，在宫廷中举行了一次盛大的宴会。宴席上，在各位客人的面前，都摆上了精致的银制餐具，在明晃晃的烛光辉映下，这些银器发射出银色的光芒。可是，离皇上近的客人们都注意到了：皇上面前摆的银色餐具却没有光泽。客人们骚动起来，窃窃私语。拿破仑三世见状告诉大家：这套餐具是用一种新金属铝制成的，由于它的价值远远超过金银，所以非常抱歉，今天不能让客人们都用上它。“啊，铝！”听说过的和未听说过的客人都兴奋起来了。据说宴会的高潮是客人们举起自己的银杯一一与皇上的铝杯碰杯，以稍稍满足自己对铝的欲望。

铝是地壳中含量很多的金属，占到地壳总重量的 7.45%，比铁几乎多 1 倍。在 100 多年前，为何会如此贵重呢?

因为它的性质很活泼，它与氧结合紧密，赖在矿石中死活也不肯出来，提炼它非常困难。为把这活泼的铝从矿石中拽出来，人们做过许多努力。

1827 年，乌勒兴致勃勃地就提炼铝的问题，去哥本哈根拜访奥斯特。尽管奥斯特告诉他不打算继续搞这项试验了，乌勒仍兴致盎然，一返回德国就立即全力以赴，终于在这一年年底时用钾还原无水氯化铝获得了少量灰色粉末状的铝。乌勒坚持将实验进行下去，在 18 年后的 1845 年，他终于提炼出了一块致密的铝块来。

但是，乌勒制取铝的方法不可能应用于大量生产。这样制得的铝产量极少，价格昂贵，正如前面所述，用铝做成的餐具仅能供皇帝享用。作为至尊至贵的皇帝，竟然不能满足客人使用铝制餐具的要求，这使拿破仑三世深为遗憾。他找来了法国化学家德维尔："先生，您是否能找到一种大量制取铝的方法，可使我的每位客人面前都能摆上铝餐具，甚至能使我的卫兵戴上铝头盔呢？"

拿破仑三世拨给德维尔大量经费。终于，德维尔不负所托，1854 年在乌勒实验基础上用钠代替钾还原出了金属铝，开始了铝的工业生产。1855 年，在巴黎举行的世界博览会上，有一小块铝放置在最珍贵的珠宝旁边，它的标签上注明着"来自黏土的白银。"它，就是德维尔的成果。德维尔的纯铝为法国皇帝带来了极大的荣耀，拿破仑三世骄傲地宣告："我们法国人是发现铝的捷足先登者！"德维尔却不愿掠人之美，他亲手用铝铸造了一枚纪念章，上面刻着乌勒的名字、头像和"1827"这个年份，作为礼物郑重地赠给他的德国同行和先驱。两人由此成了亲密的朋友。

人称"德维尔的银子"的铝在巴黎世界博览会上的展出，意味着铝已迈入了世界市场的大门。

1914 年，第一次世界大战正在法国北部激烈地进行。一天拂晓，在前线的英法联军发现德国的的齐柏林飞艇部队旋风般地掠过天空。飞艇巨大的身躯就像怪物一样压在人们心头，战场上顿时一片惊恐。联军司令部要求高炮部队不惜任何代价也要击落德军齐柏林飞艇。因为它的出现向英国和法国人提出了一系列问题：为什么齐柏林飞艇能带那么多炸弹？又能飞得那么高、那么远？制造这种飞艇用的金属材料究竟是什么？终于一架飞艇被击落，使科学家获得了宝贵的第一手材料。飞艇的秘密终于揭开了。制飞艇的金属材料是铝的合金——杜拉

拓展阅读

飞艇与气球的区别

飞艇是一种轻于空气的航空器，它与气球最大的区别在于具有推进和控制飞行状态的装置。飞艇由巨大的流线型艇体，位于艇体下面的吊舱，起稳定控制作用的尾面和推进装置组成。艇体的气囊内充以密度比空气小的浮升气体（氢气或氦气）借以产生浮力使飞艇升空。吊舱供人员乘坐和装载货物。尾面用来控制和保持航向、俯仰的稳定。

铝。它是德国格廷根大学沃拉教授的助手阿·威廉于1907年5月在一次偶然的机会中发现的产物。其构架是一种添加了4%的铜及少量镁、锰的铝合金，经高温淬火，时效硬化处理后而成的一种硬铝，后在杜拉实现了工业化，故命名为杜拉铝。

20世纪初杜拉铝的诞生，为崭露头角初试锋芒的航空工业带来了蓬勃生机。铝以压倒群芳的优势一举摘取了飞行材料霸主的桂冠。1912年当德国科学家雷斯涅尔设计了世界第一架铝飞机后，各国的军用飞机相继采用此种材料。以德国霍克战斗机和多次深入奥、匈帝国建立奇功的加勃罗列加轰炸机，以及日本的零式战斗机和曾在广岛、长崎上空投原子弹的B—29美制远程轰炸机为代表的机种，在设计、制造和取材上都无愧是第一二次世界大战中铝制材料飞机的佼佼者。特别是日本的零式战斗机所使用的超硬铝（ESD），强度可达60~75千克/平方毫米。其制铝技艺之精湛，至今也堪称一绝。与后来英法合制的超音速协和式飞机相比也毫无逊色。

随着飞机工业的发展，铝工业形成空前繁荣局面。铝产量由1916年9个国家的13万吨猛增到1943年19个国家的195万吨。1952年更达到203万吨，超过二战时最高产量。

丰富的铝材，促进了航空技术的发展，又使传统的铝合金在阻滞飞速跃升的音障和热障的挑战面前力不胜任。为此，一批新的高强度合金、高抗疲劳性能合金、高刚度合金、耐热合金和低比重合金等铝材料相继应运而生，其综合性能可与钛合金相媲美。如最近研制出的铝锂合金，以其卓越的较低密度、较高的比刚度和比强度等性能，使飞机减重10%~20%，同时为高超音速航天飞机能像飞机一样从跑道起飞并达到轨道速度的设想，在材料上提供了希望。

由于铝合金成本低、工艺性能好，故仍不失为结构材料中呼声较高的现代飞机最佳材料。目前一架现代化的超音速飞机，铝合金的重量要占总重量的70%左右。以超过两倍音速飞行的“协和式”客机，用铝材料达220吨。1970年6月美国研制的B－1战略轰炸机用铝为112吨。

在航天飞行器中铝合金也得到广泛应用。我国的第一颗人造地球卫星“东方红”1号的外壳就是铝合金制成的。美国“阿波罗”11号宇宙飞船使用的金属材料中，铝合金占75%；航天飞机的骨架桁条和蒙皮舱壁绝大部分也都用铝合金作结构材料。无怪于人们把铝称作“飞行金属”。

“阿波罗”11 号登月，宇航员踏上月球

在铝合金材料得到“空中骄子”美誉的同时，有“陆地堡垒”之称的坦克也格外钟情于它。50 年代，英国进行的有关均质铝装甲材料 D54S 和 E74S 与 IT80 装甲钢的防护性能的实验表明：在相同面密度的情况下，对榴弹破片的防护能力铝装甲优于钢甲，随着弹丸直径的增大，入射角在 30°～45°范围之外，铝装甲防护的优越性就更为突出，而且铝合金具有强、硬、韧等特点，与同等防护力的钢装甲相比重量可减少 60% 以上。铝可以紧密结合，能减少车体结构的脆弱区。在铝板的近表层加铸钢条的装甲制造工艺，还可使穿甲弹命中时发生方向偏转，从而有效地对付长杆滑膛炮弹对坦克的攻击。

在 70 年代中期，随着英国耗资 600 万英镑研制出钢、铝、陶瓷复合而成的乔巴姆装甲后，铝装甲已由装甲输送车发展到轻型坦克、步兵战车和中型主战坦克。美国的 M2 型步兵战车、英国的 FV－10 型蝎式轻型坦克和“勇士”式中型主战坦克都是其中的佼佼者。我国早在 60 年代中即开始了铝装甲材料的研制，一种新型的 5210 铝装甲已在部分战车上使用。

铝除了被用于防护装甲外，为了节约能耗，减轻重量，提高速度，增加载重，坦克内的许多重要部件都相继出现“铝化”的趋势。以英国“蝎式”坦克为例，其平衡肘连杆底座、刹车盘、转向节、引导轮、负重轮、炮塔座圈、烟幕发射器、弹药架和贮藏舱等均为铝合金制品，重量较钢结构的可减轻一半以上。

铝材料被用于坦克之后，又与钢铁在其他兵器及舰船等领域展开了激烈的角逐。

在火炮方面，美国 M102 式 105 毫米榴弹炮最为典型。它的大架、摇架、前座板、左右耳轴托架、瞄准镜支架、牵引杆和平衡机外筒均用铝合金制成。

加之其结构的变化使火炮重量从其前身 M101 式炮的 3.7 吨降到 1.1 吨，射程则提高了 35% ~40%，实现了战时全炮的空运空投，大大提高了此种炮的机动性。

知识小链接

反坦克利器——火箭弹

火箭弹（rocket projectile）是靠火箭发动机推进的非制导武器。主要用于杀伤、压制敌方有生力量，破坏工事及武器装备等。按对目标的毁伤作用分为杀伤、爆破、破甲、碎甲、燃烧等火箭弹；按飞行稳定方式分为尾翼式火箭弹和涡轮式火箭弹。

由于火箭弹带有自推动力装置，其发射装置受力小，故可多管（轨）联装发射。多管火箭炮与同口径身管火炮相比，具有威力大、火力猛、机动性能好等优点；其射弹散布较大，适于对面目标射击。单兵使用的火箭弹轻便、灵活，是有效的近程反坦克武器。

对用尾翼稳定的各种大口径炮弹、战术导弹和火箭弹，其尾部零件如尾翼、尾杆下弹体、弹托、尾翼座等也多用铝合金，使弹体稳定性进一步得到加强。以奥地利 105 毫米破甲弹为例，其尾部三个铝件占全弹重的 11%。而铝在导弹中的用量可占总重量的 10% ~50%。另外，各类弹的引信体多数也是采用铝件制成的。

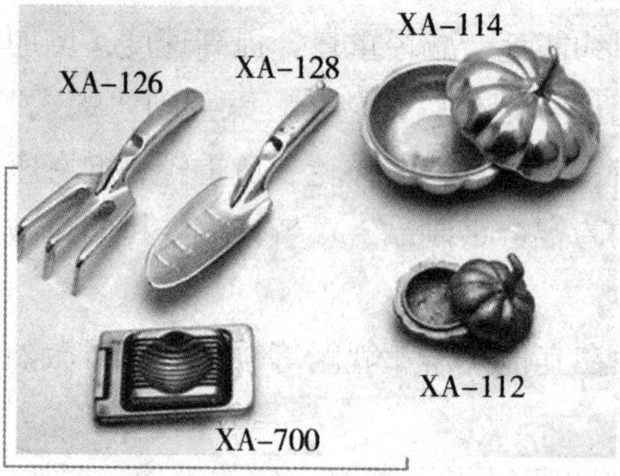

铝制品

在舰船领域，美国一艘航空母舰目前用 1 万吨铝材，代替了 2 万吨钢材，减轻一半重量。提高了战术性能和装载重量。再如英国的新型导弹驱逐舰也使用大量铝合金制成。另外，铝反射光的能力强，常用在仪器中作反射镜。铝又是非磁性金属，所以舰船上的罗盘常藏在铝合金壳里以防磁场的磁化。

在运输车辆领域，汽车用铝热

正席卷世界。目前，各国都在千方百计地增加用铝在汽车制造中的比例。美国 1975 年平均每辆汽车用铝仅 25 千克。到 1985 年就增加到 200 千克左右。作为世界名牌车之一的联邦德国波尔舍小汽车，每辆车用铝有 236 千克之多。

随着铝材天地的不断拓展，可以预见，人类进入一个以铝为主体的轻金属时代已为期不远了。

21 世纪的金属——钛

1791 年英国分析化学家格列高尔在铁矿砂中发现一种新的金属，这种金属具有当时已知的任何金属都不具备的奇特性质。1795 年德国的化学家马丁·克拉普特对这种金属又进行了深入的研究，并根据希腊神话中大地女神之子的名字“泰坦”，给这种金属起了个名字叫钛。他坚信钛这位“大地女神之子”一定不会辜负它“母亲”的愿望，为人类做出新的贡献。很久以来，人们曾认为钛极其稀少，一直把它称为“稀有金属”。

其实，钛占地壳元素组成的千分之六，是第四位大量存在的金属。不但地球上有钛，从月球上采集的岩石标本中也含有丰富的钛。从矿石中提炼钛，不是一件简单容易的事，目前一般采用的方法是：利用镁对氯的化合力比钛强的特点，在高温下用熔融状态的镁从气态的四氯化钛中将氯夺出来，这样就得到单质钛。用这种方法制得的钛疏松多孔，呈海绵状，人称“海绵钛”。将“海绵钛”在真空下或惰性气体中熔化提炼，便可获得较纯净和致密的钛。钛比铝密度大一点，但硬度却比铝高 2 倍。如制成合金，则强度可提高 2 ~ 4 倍。因此，它非常适于制作飞机、航天器的外壳及有关部件等。目前，世界上每年用于宇航工业

钛 板

的钛已达到1000吨以上。在美国“阿波罗”宇宙飞船中，使用的钛材料占整个材料的5%。因此钛常被称为“空间金属”。钛不但能帮助人类上天，还能帮助人类下海。

由于它既能抗腐蚀，又具有高强度，还可避免磁性水雷的攻击，因此钛成了造军舰和潜艇的好材料。1977年，苏联用3500多吨钛建造当时世界上速度最快的核潜艇；美国海军用钛合金制成深海潜艇，能在4500米的深海中航行。钛和一些金属制成合金在低温下会出现几乎没有电阻、通电也不发热的“超导现象”。这在电讯工业上是极为宝贵的。如钛和铌制成的合金，是目前使用最广、研究也最多的一种超导材料。美国目前生产的超导材料，有90%是用钛铌合金做的。钛有这样一种非常难得的性质：如果把它植入人体，能和人体的各种生理组织及具有酸、碱性的各种体液“友好相处”，不会引起各种副作用。这种高度稳定性和与人类骨骼差不多的比重，使它成为外科医生最理想的人造骨骼的材料。

基本小知识

水 雷

水雷是一种布设在水中的爆炸性武器，它可由舰船的机械碰撞或由其他非接触式因素（如磁性、噪音、水压等）的作用而起爆，用于毁伤敌方舰船或阻碍其活动。水雷具有价格低廉、威力巨大、布放简便、发现和扫除困难、作用灵活的特点。

钛还有许多非凡的本领。例如，有的钛合金居然具有“吸气”的能耐，能大量吸收氢气，成为贮存氢气的好材料，为氢气的利用创造了条件；有的钛合金具有“超塑性”，可以很容易地加工成任何形状，等等。由于钛在提炼方法和应用加工上还有许多问题需要解决，世界上成千上万的科学家仍在努力探索这位“大地女神之子”的奥秘。随着科技水平的提高，钛的冶炼提纯方法将会得到改进，在不久的将来，钛的产量会迅速增加，成为仅次于铁和铝的“第三大金属”；钛的应用也会更加广泛，成为名副其实的“21世纪金属”。“大地女神之子”将更加光彩夺目！

液态金属

汞，又称水银，在各种金属中，汞的熔点是最低的，只有零下 38.87℃，也是唯一在常温下呈液态并易流动的金属。比重13.595，蒸气比重6.9。它的化学符号来源于拉丁文，原意是“液态银”。

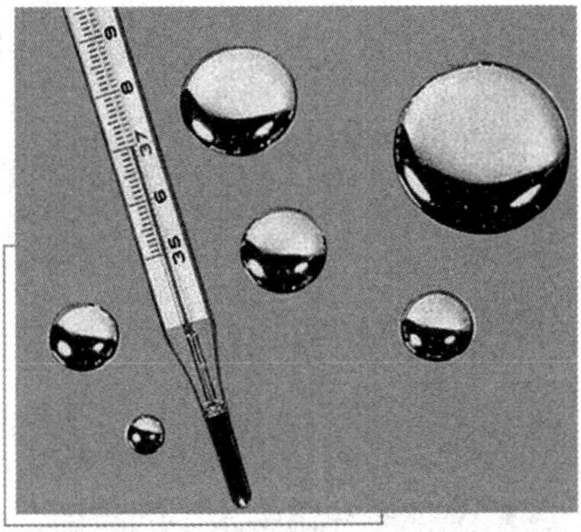

水 银

有关金属汞的生产很多，例如汞矿的开采与汞的冶炼，尤其是土法火式炼汞，空气、土壤、水质都有污染；制造、校验和维修汞温度计、血压计、流量仪、液面计、控制仪、气压表、汞整流器等，尤其用热汞法生产危害更大；制造荧光灯、紫外光灯、电影放映灯、X 线球管等；化学工业中作为生产汞化合物的原料，或作为催化剂如食盐电解用汞阴极制造氯气、烧碱等；以汞齐方式提取金银等贵金属以及镀金、镏金等；口腔科以银汞齐填补龋齿；钚反应堆的冷却剂等等。

汞的无机化合物如硝酸汞（$Hg(NO_3)_2$）、升汞（$HgCl_2$）、甘汞（HgCl）、溴化汞（$HgBr_2$）、砷酸汞（$HgAsO_4$）、硫化汞（HgS）、硫酸汞（$HgSO_4$）、

广角镜

冷却剂

冷却剂，又称载热剂（heat - carrying agent）。用来冷却堆内燃料元件并将燃料裂变时所发出的热量带出堆外的物质。冷却剂可以是二氧化碳、空气和氦等气体。也可以是水、重水和有机物液体。快中子反应堆中常用液态金属钠和钠钾合金作冷却剂。冷却剂应有良好的导热性能和小的中子吸收截面，它与结构材料应有良好的相容性。冷却剂的化学稳定性好，能在较高的温度下工作，以获得较高的热效率，使用安全。有时冷却剂和慢化剂用同一种物质。冷却剂将堆芯热量带出堆外以供利用，本身被冷却返回堆内重新循环。

氧化汞（HgO）、氰化汞（$Hg(CN)_2$）等，用于汞化合物的合成，或作为催化剂、颜料、涂料等；有的还作为药物，口服、过量吸入其粉尘及皮肤涂布时均可引起中毒。此外，雷汞（$Hg(ONC)_2 1/2H_2O$）用于制造雷管等。

汞在自然界中分布量很小，被认为是稀有金属，但它的使用历史在金属中虽位于7种金属之末，却早于其他金属，这和汞比较容易从含有它的矿石中取得有关。把天然硫化汞放在金属中焙烧，就可得到汞。有时，单质汞还会从一些人们意想不到的地方冒出来，例如，在西班牙的一些山区，汞会在井底出现。人们曾在埃及的古墓中发现过一小管汞，据考证是公元前16～前15世纪的产物，也够久远的了。

这种奇特的可以流动的“液体的银”（亚里士多德语），使古人对它充满了敬畏，由此衍生出了许许多多的故事……

◎ 化学在炼金术中的应用

明朝成化年间，山西洪洞县有个富甲一方的王员外，家中白花花的银子多得不可胜数。一日，王员外府上来了一个道士，说是曾在中条山上拜异人为师，学得“炼银成金”之法，因王员外祖上积善有德，命里注定要发财，所以特来献宝。

王员外将信将疑地看他表演。道士取出袖中的一块银子供在桌上，默诵一通，焚化符咒一纸。然后，道士吩咐端来一只焰火正炽的炭盆。将银子投入。几个时辰过去了，炭火慢慢小了下去，又渐渐熄灭。道士扒开灰烬，众人凑上来一看；咦，银子不见了，在灰烬中的是一块黄澄澄的金子——银子果然变成了金子。王员外见了大喜，待道士如上宾，吩咐将家中的银子悉数交与道士去变黄金。不料，道士竟将银子全部卷走。王员外给活活气死，但他至死不解：不是亲眼看到银子变金子的吗，这又是怎么回事呢？这是道士利用汞搞的把戏。

汞被誉为“金属的溶剂”，因为它容易同金属结合成合金——汞齐。“齐”是古代对合金的称呼。金溶解于汞中形成的金汞齐，看上去银光闪闪，道士便是用它来冒充银子的。道士将表面涂有金汞齐的黄金投进炭盆后，汞受热蒸发，留下来的便是黄澄澄的金子了。

其实，古代的鎏金技术就是用的此法——将金汞齐涂在铜器表面，再经烘烤，汞蒸发后金就留在器物表面了。

金不怕酸碱，不怕火烧，可居然能溶于汞中，这当然要使古人以神秘的眼光来看待汞了。大约从汉武帝时起，汞及其化合物就成了金丹术的首选材料了。

据说，金丹术的始作俑者是西汉时的方士李少君。他见汉武帝一心想成仙，便从旁游说道，只要祭了灶神，朱砂（即天然硫化汞）就可炼成黄金；把这黄金做成了器具盛东西吃，就会遇到蓬莱仙岛的仙人，就能长生不老了。

你知道吗

鎏金的来源

鎏金是将金和水银合成金汞齐，涂在铜器表面，然后加热使水银蒸发，金就附着在器面不脱。关于金汞齐的记载，最初见于东汉炼丹家魏伯阳的《周易参同契》。而关于鎏金技术的记载，最早见于梁代。《本草纲目·水银条》引梁代陶弘景的话说：水银“能消化金银使成泥，人以镀物是也”。这个记载比鎏金器物的出现晚了约八个世纪。

于是汉武帝很有兴趣地看李少君折腾那些材料：将鲜红的石朱砂放在炉中烧成闪闪发光的水银；加入亮黄色的硫黄粉后水银变成了黑色；再加热又会变成红颜色……

李少君玩弄的那些把戏现在可从化学上得到很简单的解释：石朱砂一经用比较低的温度加热就可以分解出水银，而水银和硫黄很容易化合生成黑色硫化汞，硫化汞有黑色和红色两种类型，黑色的再加热使它升华就会变成红色……遗憾的是汉武帝不懂其中的道理，对这种操作看得津津有味，全然不知道这繁杂的变化过程中会放出有毒的汞蒸气，肯定会减少他的寿数。李少君搞的把戏后人称为“炼金术”。因这种法术几百年用下来仍未见效，方士渐渐失去了信心，又转为炼丹。就是用石朱砂、胆矾、云母、铅粉、铜、金等化学物质进行相互间

炼　丹

的作用，变来变去，炼出一种红色的药丸——仙丹来。这种丹吃下去便能长生不老。由于石朱砂是炼丹的首选材料，因此也被称作“丹砂”。《西游记》里说孙悟空被太上老君关在炉里烧了九九八十一天，那炉子便是老头儿用来炼丹的。

炼金术炼不出金来明摆着就失败了，炼丹就不一样了。不管怎样，那“仙丹”总是能得到的，至于吃下去后情况怎样，也不是能立竿见影的事。所以炼丹术兴起后，维持了一段较长的时间。

拓展阅读

李约瑟

李约瑟（Dr. Joseph Needham，1900—1995），英国人，著名科学家、英国皇家学会会员（FRS）、英国学术院院士（FBA）、剑桥大学李约瑟研究所名誉所长，长期致力于中国科技史研究，撰著《中国科学技术史》。为中国培养了一批优秀科技史学家。1994年被选为中科院首批外籍院士。

方士炼出的丹其实都是些含汞、铅、砷等有毒的物质，它不仅不能使人长生，相反的却使一些帝王过早断送了性命。仅仅在唐朝，就有太宗、宪宗、穆宗、敬宗、武宗、宣宗6个皇帝是被“仙丹”毒死的。这些悲惨的教训，终于使皇帝们放弃了寻求仙丹的努力，唐代后，金丹术便逐渐销声匿迹了。

金丹术的目的是荒诞的。不过，历代金丹家在炼金、炼丹的过程中，亲自采集矿物、药物，做了许多实验，积累了许多关于物质性质和相互作用的宝贵知识，完成了不少化学转变，也在此过程中掌握了一些元素的性质，发现了一些元素。英国科学家李约瑟对中国金丹术在化学史上的地位作了充分肯定，他说：“整个化学最重要的根源之一，是地地道道从中国传出去的。”

奇妙的银器

银是人类不可或缺的重要金属。利用太阳能来发电，制造喷气式飞机的引擎、电子计算机、汽车，等等，都离不开银的参与。银在现代科学技术下，获得了日新月异的发展；然而，银又是一种稀有贵重的金属，在1000多米深的地下，采掘1吨矿石才能取得仅1两的银。

古代，银主要用于铸造货币。公元前640年小亚细亚的利底亚王国率先用银铸币。亚历山大大帝征战东西开创事业用于支付军费的就是产自希腊的银币。

用银制成日用器具称为银器，由于银很软，一般需要使用标准银，也就是用925份银和75份铜合成的合金。用标准银制作的银器是珍贵的艺术品，具有很大的实用价值，为大多数收藏家所关注。将这种光亮的金属捶成箔，10万张叠起来也不过2厘米厚，还可在如此薄的银器上蚀刻雕镂，也可拉成如发细丝。这些光泽明亮、玲珑剔透的银器在今天非常值钱。二次大战后才制作的银汤匙，当时值3.5美元，而今价值20多美元。以前，银的用途主要制作是硬币、首饰、纪念品、餐具等，今天，银展现出日新月异的变化，其用途广泛之极。

蒙古人爱用银碗盛马奶来招待客人，以表示对客人的友谊像银子那样纯洁，像马奶那样洁白。奇怪的是，银碗好像有什么魔术似的，牛奶等食物一放在银碗里面，它的保存时间就会长得多。用银壶盛放的饮水，甚至可以保持几个月也不腐败。这是怎么回事呢？一般人都以为，银子是不会溶解于水的。其实，世界上绝对不溶于水的东西几乎是没有的。银子和水会面以后，总会有微量的银进入水中，成为银离子。银离子是各种细菌的死对头，一升水中只要有500亿分之一克的银离子，就足以叫细菌一命呜呼了。没有细菌的兴风作浪，食物自然就不容易腐败了。

银　器

当你游泳时，给眼睛滴入一滴棕色的蛋白银溶液，可以使你免除因游泳而害眼病。现代医学也看中了银离子的杀菌本领，比如磺胺药中的磺胺嘧啶银，由于分子中有了银，使它的抗菌本领大大增强，当烧伤、烫伤病人的创面发生感染，使用磺胺嘧啶银能很好地控制感染，使人类在对付创面感染的“战斗”中，增添了一种有效的“武器”。银是摄影不可缺少的材料。胶片上的银化合物薄膜只要在一丝微光下便会曝光，银离子能将光量放大10亿倍。从成像的效果和功能来看，银是摄影当中任何其他金属化合物不能替代的。而且一张底片所需银又是微乎其微的！医学上透视用的X光也是靠银作成像于底片上的。

知识小链接

摄影术语——曝光

曝光，英文名称Exposure，曝光模式即计算机采用自然光源的模式，通常分为多种，包括：快门优先、光圈优先、手动曝光、AE锁等模式。照片的好坏与曝光有关，也就是说应该通多少的光线是CCD能够得到清晰的图像。曝光量与通光时间（快门速度决定）、通光面具（光圈大小）决定。

银具有强杀菌能力，是良好的保健用品。在净水方面一茶匙银能净化260亿公升水，功效胜过氯的10倍。美国已决定选用银在未来太空交通船中作净水剂。银在具有强杀菌力的同时对人无伤害。医生用1%硝酸银溶液滴入新生婴儿眼中，防治能导致失明的感染。严重的灼伤病人需用银化合物消炎，外科医生用银线缝合伤口，用银带扎缚骨骼，用银片补脑壳上的洞等等。

银的导电性能优越，光滑而不易氧化，因此，银是最好的导线。从细小的助听器到庞大的电站系统、发电厂，都是用银作接触装置。汽车因为装上了银制的钮形装置，改变了从前靠摇转曲柄发动。现在一扭开关就能发动。

厨房的电灶也采用类似小银盘作开关，电话机也是如此。试想，如果没有银，我们打不通电话，看不到电视，开不亮电灯，打不开电灶，也不能使用冰箱，人类生活真是索然无味了！

在航空方面不仅用银配制接触装置，也利用银的强结合力焊接钢和铝等零件。

银锌电池功率比普通电池高20倍。体重3千克多的银锌电池不过手掌那么大，却可以供在太空行走时维持设备所需电力，像灌输氧供呼吸用，推动太空衣内冷却剂，发出信号记录心跳情况等。

拓展阅读

太空行走的方式

航天员在舱外行走有两种方式：一种是用早期研制的脐带式的生命保障系统与乘员舱连接，航天员身穿航天服，航天员所需要的氧气、压力、冷却工质、电源和通信等都是通过脐带由载人航天器提供的。由于脐带不能过长，所以航天员只能在航天器附近活动，如果航天器走远了则容易使脐带缠绕，像婴儿那样“窒息”而死。另一种是后期发明的装在航天服背后的便携式环控生保系统。航天员出舱后与航天器分离，由于身穿舱外用的航天服，背着便携式环控生保装置，以及太空机动装置，航天员可到离载人航天器100米远处活动。实际上，舱外航天服及便携式环控与生保系统是一个微型载人航天器，它保证人的周围有适合的压力，有通风供氧，有温湿度调节，使航天员在服装内正常生存，并能进行太空作业。

银制电池输出电量多是良好的能源。而用银制的镜面聚焦太阳能可以获很高热能，许多面银镜聚焦太阳能，转汇到巨炉中，产生的高温达3800℃，能在50秒内烧穿1厘米厚的钢板；而且用这种太阳热能精炼物质纯度极高，广泛地用于超级耐熔材料，供应鼓风机、核子工厂、喷气机和火箭之需。用这样聚集的太阳能发电已经成为现实，许多农户在屋顶上放置银镜，利用太阳能发电既安全又便宜。

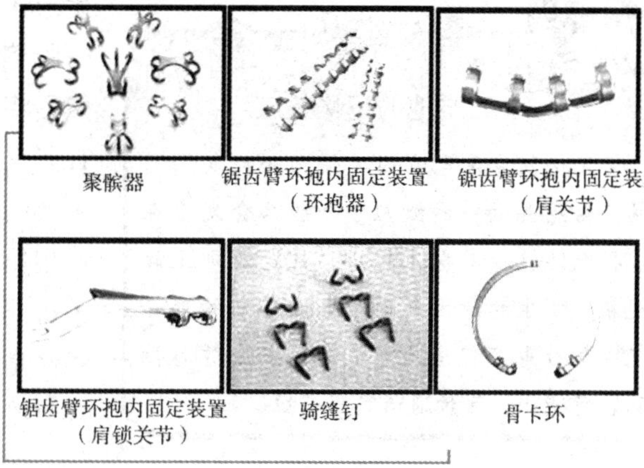

记忆金属

有记忆能力的金属——记忆合金

美国的科学家曾将一条没有任何燃料的小轮船放进游泳池，小轮船竟在游泳池内转起圈来。这一现象惊呆了在场的观众。小轮船为什么在无燃料的情况下能够航行呢？原来这是“记忆金属”在作怪。

“记忆金属”，这个名字叫起来好像很古怪，难道金属也会像高等动物那样有记忆力吗？它能记忆些什么呢？的确，有一类金属具有“记忆力”，它能够“记忆”自己的形状。自古以来，人们总认为，只有人和某些高级动物才有“记忆”能力，而非生物是不可能具有这种能力的。可是，在60年代初，美国海军研究所一个研究小组，偶然发现镍钛合金丝竟然也具有一种“形状记忆”的本领。这个研究小组的成员在领到一批乱如麻丝的Ni—Ti合金丝后，花了不少精力将它们弄直，可是当他们将这些金属丝放在近火处时，发现它们又重新变弯了。这个偶然的发现立即引起了人们的高度兴趣。于是在合金大家庭中又找到了像Cu—Al—Ni、Ni—Al、Ni—Co—Si等一类具有记忆形状能力的合金。

你知道吗

电池的记忆效应

记忆效应是电池因为使用而使其内容物产生结晶的一种效应。一般只会发生在镍镉电池，镍氢电池较少，锂电池则无此现象。发生的原因是由于电池重复的部分充电与放电不完全所致。会使电池暂时性的容量减小，导致通话时间缩短。

记忆金属在不同温度下会发生形状的变化。在冷水中，先将一段笔直的Ni—Ti合金丝弄弯，然后将它放在热水中，这时Ni—Ti丝又变直了。这样反复改变合金丝的温度，它的形状也会随之产生反复的变化。

能引起记忆合金形状改变的条件是温度。这是因为这类合金存在着一对可逆转变的晶体结构。如含有Ni和Ti各为50%的记忆合金，有两种晶体结构，一种是菱形的，另一种是立方体的，这两种晶体结构相互转变的温度是一定的。高于这一温度，它会由菱形结构转变为立方体结构；低于这一温度，又由立方体结构转变为菱形结构。晶体结构类型改变了，它的形状也就随之改变。前面在游泳池内航行的小轮船，就是用这种“记忆合金”做了发条。在较低的温度下，将船上的发条盘紧，不需要任何齿轮等装置，只要将小轮船放到较高温度的游泳池内，船上的发条就会自动慢慢放开，带动螺旋桨，小轮船便自由自在地航行起来。

在冷水中让记忆合金弯曲时所消耗的能量远远小于它在热水中恢复原形时所释放出的能量。所以，它在能量转化过程中似乎是“不守恒”的，竟出现了能量的“净增加”。这一现象，曾引起科学界的混乱。有些人甚至声称能量转化和守恒定律不成立了，物理学等自然科学就需要重新改写。客观世界本身就是多层次的，每个层次上都有它自身的规律，各层次的规律又各不相同。人们在无法解释记忆合金能量的“净增加”现象时，只能说明人们对这一新发现还不认识。后来，这一能量“净增加”的现象，终于被 1977 年诺贝尔化学奖获得者、比利时科学家普利高津用“耗散结构理论”所解释。

原来，这些合金都有一个特殊转变温度，在转变温度以下，金属晶体结构处于一种不稳定结构状态，在转变温度以上，金属结构是一种稳定结构状态，一旦把材料加热到转变温度以上，不稳定的晶体结构就转变成稳定结构，材料也就恢复了原来的形状。记忆合金由于它们有着奇妙的作用，因此在很多重要地方显示了它们非凡的本领，向人类表明了它们具有很大的发展前途。记忆合金对自己形状的这种记忆性能也给人类立下了汗马功劳。

在城市的街道上，从早到晚都是车水马龙。公共汽车繁忙地运送乘客；货车满载工农业产品及原材料飞驰；救护车不断地来往于各大医院；消防车奔忙于火灾现场周围……这些汽车的车身大都是用金属材料制成的，一旦发生碰撞，车身凹下，就只能送到修理厂由工人师傅手工敲平复原。如果汽车车身用形状记忆合金制造，那么修理工作就变得简单多了。撞瘪的汽车不必送修理厂，只要往撞瘪的车体上浇几桶热水，就能自动地恢复原状。用来制造这种汽车车体的记忆合金具有单向记忆功能，它能记住自己在较高温度状态下被制成的车体形状。不管平时把它变成什么样的形状，只要加热到它的转变温度，就会立即恢复到原来的形状。

用记忆合金还可以制成各种管接头。制造时其内径要比它所连接的管子的外径约小 0. 04 毫米。在室温下，这种记忆合金非常软，所以接头内径容易扩大。在这种状态下，把要接的管子插入接头内。加热后，接头的内径就恢复到原来的尺寸，完成管子的连接过程，而且温度降到室温也不再改变。因为这种形状恢复力很大，所以连接很严密，无漏油危险。美国已在海军 F－14 型战斗机的油压系统中使用了 10 万个这样的接头，使用多年从未发生漏油或者破损。

用单向形状记忆合金制成的眼镜框，镜片固定丝在装入凹槽里时并不太紧，轻微受热时，利用其超弹性逐渐绷紧。这种镜框不会出现普通塑料或金属镜框与镜片不协调的现象。例如，不管如何用劲擦拭或气温降低，镜片决不会滑脱。在拥挤的汽车上一旦眼镜掉在地上被人踩瘪，这种镜框也不会报废，只要经热风一吹或在酒精灯上略加烘烤，就可以完全复原。

> **你知道吗**
>
> **为什么酒精灯不能用嘴吹灭呢？**
>
> 当用嘴吹灭酒精灯的时候，由于往灯壶内吹入了空气，灯壶内的酒精蒸汽和空气在灯壶内迅速燃烧，形成很大气流往外猛冲，同时有闷响声，这时候就形成了“火雨”，造成危险。而且酒精灯中的酒精越少，留下的空间越大，在天气炎热的时候，也会在灯壶内形成酒精蒸汽和空气的混合物，会给下次点燃酒精灯带来不安全因素。因此，不能用嘴吹灭酒精灯。

记忆合金用于人体矫形外科，效果良好。例如接骨用的骨板，用记忆合金将骨折部位固定，然后加热，合金板便收缩，不但能将两断骨固定住，而且在收缩过程中产生压缩力，迫使断骨接合在一起。又如用记忆合金制作治疗脊椎侧弯症的矫正棒，与以往用不锈钢矫正棒相比，不但提高了矫正率，而且发生骨折和神经麻痹的危险性也大大减小。此外，牙科用的矫形齿丝，外科用的人造关节、骨髓内钉等器件，也都是靠体温的作用启动的。

美国曾利用记忆合金的特性，将由 Ti—Ni 合金做成的发射和接收天线通过宇宙飞船带到月球上。这种直径为 254 毫米的半球形天线被折叠成 50 毫米大小的一团后，放在宇宙飞船内（缩小体积对节省飞船的建造费用是十分重要的）传送到月球上后，吸收太阳光的热量后又自动恢复为原来的半球形。

国外服装厂用记忆合金代替胸罩内的钢丝，衬托乳房，使胸部线条更加优美。在 25℃以下时，它可以任意搓洗、折叠；而穿到身上，温度达到 32℃

以上时，它就像钢丝一样自然恢复到原定形状，将乳房托起。这一应用颇受世界妇女的普遍赞赏。人们还利用这种合金的记忆能力，制出了自控装置。例如，温室中的窗臂，在太阳下山时，温度较低，它便自动将窗户关闭；而当太阳升起时，温度较高，它又会自动将窗户打开。恪守职责，从不失误。人们可用记忆合金制成元件，安装在工厂、仓库、宾馆等建筑的电路中，并选择记忆合金的转变温度和环境的安全温度相近，当环境的温度高于“安全温度”时，也就是说即将发生火灾，此时，记忆合金元件发生形状变化，接通电路，从而发出报警信号，人们会迅速将火灾消灭在发生之前。如果将记忆合金元件直接与自动灭火装置相连，即是火灾发生了，自动灭火装置会迅速启动，自动灭火。用记忆合金还可制造新的刹车系统，以减少汽车事故的发生。

知识小链接

电　路

电流流过的回路叫做电路，又称导电回路。最简单的电路，是由电源、负载、导线、开关等元器件组成。电路导通叫做通路。只有通路，电路中才有电流通过。电路某一处断开叫做断路或者开路。如果电路中电源正负极间没有负载而是直接接通叫做短路，这种情况会导致电源、用电器、电流表被烧坏，因而是决不允许的。另有一种短路是指某个元件的两端直接接通，此时电流从直接接通处流经而不会经过该元件，这种情况叫做该元件短路。开路（或断路）是允许的。

一般汽车急刹车时是由汽车的“制动片”去卡车轮的转轴，由于制动片是由一般金属做的，总不能使汽车立即刹车，事故也往往发生在这一瞬间。如果在汽车的轮胎中镶嵌几圈记忆合金，当遇到情况紧急刹车时，由于轮胎与地面摩擦产生热量，记忆合金会迅速恢复原来形状，纷纷向外凸出牢牢卡住汽车轮转轴，使高速行驶的汽车迅速停住，避免车祸的发生。

其实，金属的记忆早就被发现：把一根直铁丝弯成直角（90°），一松开，它就要回复一点，形成大于90°的角度。把一根弯铁丝调直，必须把它折到超过180°后再松开，这样它就能正好回复到直线状态，这就是中国成语中所讲的矫枉过正。还有记忆力更好的合金就是弹簧（这里所说的是钢制弹簧，钢是铁碳合金），弹簧牢牢地记住了自己的形状，外力一撤除，马上回复到自己的原来的样子，只是弹簧的记忆温度很宽，不像记忆合金这样有一个特定的转变温度，从而有了一些特别的功用。

记忆合金目前已发展到几十种，在航空、军事、工业、农业、医疗等领域有着广泛的用途，而且发展趋势十分可观，它将大展宏图、造福于人类。

“烈火金刚”与“抗蚀冠军”——铌与钽

把铌、钽放到一起来介绍是有道理的，因为它们在元素周期表里是同族，物理、化学性质很相似，而且常常伴生在一起，真称得上是一对惟妙惟肖的“孪生兄弟”。

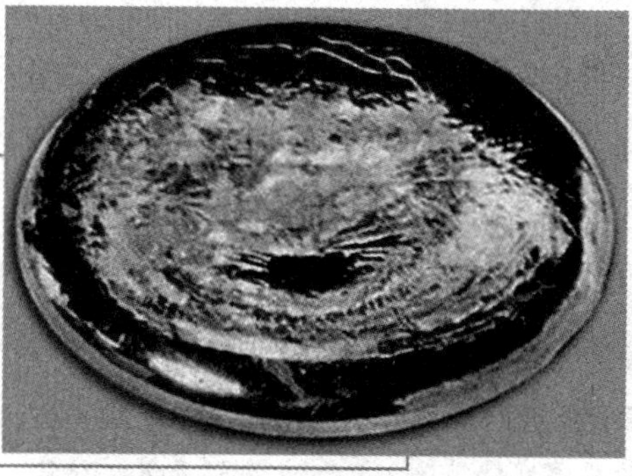

铌

事实上，当人们在19世纪初首次发现铌、钽的时候（1801年，英国化学家哈奇特发现铌，1802年，瑞典化学家埃克贝里发现钽），还以为它们是同一种元素哩。以后大约过了43年，人们用化学方法第一次把它们分开，这才弄清楚它们原来是两种不同的金属。

铌、钽是稀有高熔点金属，它们的性质和用途有不少相似之处。

既然被称做稀有高熔点金属，铌、钽最主要的特点当然是耐热。它们的熔点分别高达2467℃和2980℃，不要说一般的火势烧不化它们，就是炼钢炉里烈焰翻腾的火海也奈何它们不得。难怪在一些高温高热的工业生产设备中，特别是制造1600℃以上的真空加热炉里，钽金属是十分合适用做炉内支撑附件、热屏蔽、加热器和散热片等的材料。

作为一种重要的合金元素，铌已广泛地应用到普通低合金钢、无磁钢、低温钢、耐蚀钢、弹簧钢、轴承钢等钢种里，用量要占世界铌总消费量的86%以上。在这些钢里，铌通过晶粒细化、沉淀强化等作用，不仅改善了它们的抗腐蚀、抗氧化、抗磨损等性能，而且有效地提高了它们的强度。比如，普通低合金钢里只要加进万分之几的铌，就能提高强度10% ~20%，再加上其他性能的改善，1 吨含铌高强低合金钢可以顶1.2 ~1.3 吨普通钢使用，现已广泛用到汽车制造、石油管道、机械制造以及海洋、地质、化工等领域中。同样，铸铁中添加了铌，由于能析出坚硬耐磨的碳氮化铌，结果提高了强度，延长了使用寿命。

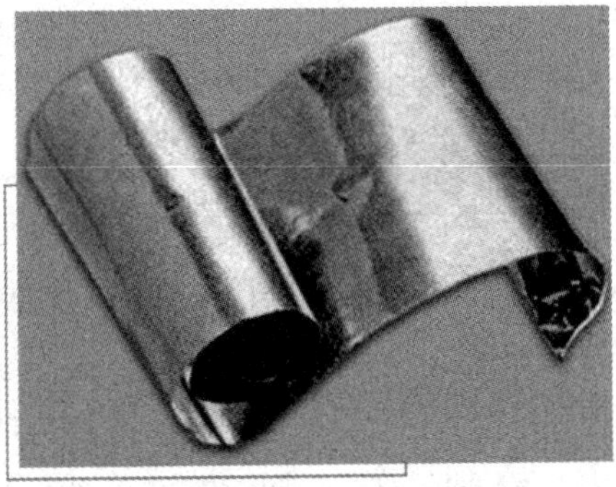

钽

铌、钽合金的塑性好，加工和焊接性能优良，能制成薄板和外形复杂的零件，用作航天和航空工业的热防护和结构材料。比如，含铌、镍、钴的超级合金，可用来制做喷气发动机的部件，用作宇宙飞船及其重返大气层时的耐高温结构材料，钽钨、钽钨铪、钽铪合金用作火箭、导弹和喷气发动机的耐热高强材料以及控制和调节装备的零件等。目前研制新型的高温结构材料，开始把注意力更多地转向铌、钽，许多高温高强合金都有这一对“孪生兄弟”参加，它们的产量正在进一步增长。

此外，铌和铌合金抗得住熔融碱金属的腐蚀，对核燃料的相容性又好，可以用做核反应堆材料。钽的硼化物、硅化物、氮化物及其合金，常被用来制做核工业中的释热元件和液态金属的包套材料。铌钛系和铌锆系的某些合金具有恒弹性能，可制做特殊用途的弹性元件。氧化钽和氧化铌用于制造高级光学玻璃和催化剂。铌酸锂是一种优良的压电晶体，在彩色电视滤波器和雷达延迟线上得到了应用。还有，铌酸锶钡单晶用作激光通信装置的调制器，二硒化铌用作电动机械和仪表装置的自润滑填充剂等等。

知识小链接

核燃料

核燃料（nuclear fuel），可在核反应堆中通过核裂变或核聚变产生实用核能的材料。重核的裂变和轻核的聚变是获得实用铀棒核能的两种主要方式。铀235、铀238和钚239是能发生核裂变的核燃料，又称裂变核燃料。

抗蚀本领“出类拔萃”，别看钢铁那么坚硬，时间长了它会生锈。其他许多金属在使用过程中也会慢慢地蚀坏。据统计，正在使用中的金属材料，每年因为腐蚀大约要损毁2%，也就是相当于每年要有成百万吨金属变成废品。腐蚀给我们带来的损失实在是太大了。尤其在化学工业里，成天同酸碱打交道，腐蚀更是个大问题。许多化学产品，比如，硝酸、硫酸、盐酸、纯碱、烧碱等等，遇到普通的钢铁，用不了多长时间就会把它们“吃掉”。

人们于是千方百计设法提高金属的抗蚀本领。

挨个检验一下吧，究竟谁的抗蚀本领最强呢？人们发现，铌、钽的抗蚀本领在金属中是数一数二的，有些方面甚至超过白金（铂）。

拿铌来说，它在一般温度下不与空气里的氧气打交道，即使放到工业区的大气中16年，它的表面也不会生锈，只是稍稍有点儿变暗。

不仅钢铁，一般的金属都害怕强酸，它们往往一掉进强酸就“烟消云散”和“影踪全无”了。铌和钽却不理会这些，在150℃的条件下，除了氢氟酸、发烟硫酸和强碱以外，铌、钽能够抵抗其他各种酸类、碱类的侵袭，包括能把白金、黄金消溶的王水在内，一般的浓淡冷热，都不能伤害它们。有人曾把铌放在浓热的硝酸里2个月，放在强烈的王水中6昼夜，结果它照样还是“面不改色”，安然无恙。

钽对酸类简直具有特殊的稳定性，胜过玻璃和陶瓷，是所有金属中最耐酸蚀的品种。钽不但不怕硝酸、盐酸、王水，就是加热到900℃的高温，在熔融的锂、钠、钾等个性活泼的金属溶液里，它也不会受到损害。把钽放在大多数常见的腐蚀性物质中长期地工作，我们尽可以放心。

正是因为具备了这个特长，

你知道吗

“王水”名字的来源

王水又称“王酸”、“硝基盐酸”，是一种腐蚀性非常强、冒黄色烟的液体，是浓盐酸（HCl）和浓硝酸（HNO_3）组成的混合物，其混合比例从名字中就能看出：王，三横一竖，故盐酸与硝酸的体积比为3∶1。它是少数几种能够溶解金（Au）物质之一，这也是它名字的来源。王水一般用在蚀刻工艺和一些检测分析过程中，不过塑料之王——聚四氟乙烯和一些非常惰性的纯金属如钽（Ta）不受王水腐蚀（还有氯化银和硫酸钡等）。王水极易分解，有氯气的气味，因此必须现配现用。

所以铌和钽，特别是钽，在化学工业中被广泛用来制造各种高级的耐酸设备，比如制备硝酸、硫酸等用的过滤器、搅拌器、冷凝器、加热器以及生产化学纤维用的喷丝头、耐酸滤网等。近些年来钽的产量成倍增长，主要就是它在化工方面获得广泛应用的结果。

此外，钽和铌还常被用来制做各种精密天平的砝码、自来水笔笔尖、唱针、钟表的弹簧，以及代替白金制造某些电极、蒸发皿等等。

◎外科医疗上的妙用

钽在医学领域中也占有重要的地位。

钽对化学药品的耐蚀力极强，在大气中不生锈、不变色，一些最忌生锈的医疗器材，比如牙科器材、部分外科器材和化学仪器，都宜于用钽来制造。

钽不仅可以用来制造医疗器械，而且还是一种极好的“生物适应性材料”。

大家知道，人身上的骨头能够长肉，动物身上的骨头能够长肉。在金属上也能长出肉来吗？

能够的。有这样的事例：医院给骨折病人做手术，用钽条来代替折断了的骨头，过了一段时间，肌肉居然会在钽条上长出来，就像在真正的骨头上长出来一样。

除此之外，钽片还可以修补头盖骨损伤，钽丝、钽箔可以用来缝合神经、肌腱和内径小于 1.5 毫米的血管，用钽丝织成的钽网还能在腹腔手术中用来补偿肌肉组织以加强腹腔壁。当然，用钽材来制造接骨板、螺丝、夹杆、钉子、缝合针等更是轻而易举的事。

为什么钽在外科手术中会有这样的妙用呢？

关键是因为钽有极好的抗蚀性和适应性，既不与人体里的各种具有腐蚀性的“体液”发生作用，又几乎完全不刺激人体的机体组织，对于任何杀菌方法都能适应，且有很好的愈合性，所以能够同人体组织长期结合而无害地留在人体里。

过去人体里使用的金属器件大多是不锈钢，它同其他“亲生物”金属相比，主要优点是比较便宜，但是它的副作用比较大，耐蚀性和生物适应性赶不上钽。

利用铌、钽的这种化学稳定性，我们还可以用它们来制造电解电容器、整流器等等。特别是钽，它在酸性电解液中能生成稳定的阳极氧化膜，用来制造电解电容器正合适。20 世纪 70 年代末有三分之二以上的钽用来生产大容量、小体积、高可靠性的固体电解电容器，每年生产数亿只，成为钽的最大用户。

说起来，铌、钽可真是“稀有”金属。在每 1 吨地壳物质里，平均含有铌 20 多克，含钽只有两克左右，数量确实不多。

但是，自然界里含铌、钽的矿物却不少，已经发现的含铌矿物就有 130 多种，其中最主要的是烧绿石和铌铁矿。含钽的主要矿物是钽铁矿、重钽铁矿、细晶石和黑稀金矿。世界上多数铌矿石的含铌品位只有 0.2% ~0.6%。

正是因为铌和钽的物理化学性质很相似，所以总爱共生在同一种矿物里，要把这一对“孪生兄弟”分离开来还不很容易。先要分解精矿，净化分离出钽、铌，这样得到的钽、铌可不是金属，而是它们的化合物。接着还要经过一系列的物理化学处理，用钠、铝或碳等作还原剂，这才能把它们从化合物中“解放”出来。还原得到的钽、铌通常都是粉状的，于是又要把它们压制成坯块，放进一种特殊的炉子里，在高温真空的条件下，用电弧、电子束或等离子束等进行熔炼，除去气体杂质和容易挥发的非金属杂质，才能得到块锭。最后经过加工，可以制成板、管、丝、箔等铌材和钽材。

知识小链接

认识真空

真空是一种不存在任何物质的空间状态，是一种物理现象。在“真空”中，声音因为没有介质而无法传递，但电磁波的传递却不受真空的影响。事实上，在真空技术里，真空系针对大气而言，一特定空间内部之部分物质被排出，使其压力小于一个标准大气压，则我们通称此空间为真空或真空状态。1 真空常用帕斯卡（Pascal）或托尔（Torr）作为压力的单位。目前在自然环境里，只有外太空堪称最接近真空的空间。

你看，要得到一点铌、钽多么不易，怪不得它们的价格会那样昂贵。

我国的铌、钽资源相当丰富，已经发现的具有工业价值的含铌矿物就有铌铁矿、铌钽铁矿、褐钇铌矿、含铌钛铁金红石、易解石、烧绿石，以及一些含钽铌酸盐的砂矿。此外，我国的某些炼钢炉渣和炼锡废渣，也都是提取铌、钽的重要资源。

当然，资源多也不应该浪费。矿产资源是人民的，应该十分珍惜人民的财富。铌，钽常常跟铁伴生在一起，一定要注意资源的综合利用，在炼铁的同时把铌、钽回收出来，让它们在社会主义的现代化建设中发挥应有的作用。

稀散三元素——镓、铟、铊

◎有趣的发现

稀散金属的成员有四个，它们是：镓、铟、锗、铊，这里我们介绍其中的三个——镓、铟、铊。

稀散金属，又稀又散，实在不好寻找，要不是发明光谱分析法，它们还可能长期“隐姓埋名”下去。只有通过光谱分析，人们才找到了这些含量极稀微的物质。

镓

第一个被发现的是铊，时间是1861年。它是由一位英国物理学家、化学家克鲁克斯在研究一家硫酸厂的残渣时无意中发现的。线光谱里铊的颜色呈亮绿色。

两年之后，德国人赖希和里希特在用光谱仪分析含闪锌矿的成分——氧化锌的溶液时，发现有一种经常与铊伴生在一起的发出靛蓝色谱线的新元素，仍然引用拉丁语的含意，用它光谱线的颜色——靛蓝色来命名，这就是铟。

镓是银白色的软金属，用刀轻轻就能切开。它的熔点很低，只有29.7℃，低于人的体温。除了铯以外，镓就是最容易熔化的在室温下呈固态的金属元素了。熔融的镓与汞（水银）一样，具有光亮如镜的表面。

有趣的是，镓的熔点很低，沸点却很高，在29.7℃～2205℃的范围内，镓始终是液体。液体温度范围如此之大，在易熔金属中是首屈一指的。

知识小链接

光谱仪

光谱仪，又称分光仪。以光电倍增管等光探测器在不同波长位置，测量谱线强度的装置。其构造由一个入射狭缝，一个色散系统，一个成像系统和一个或多个出射狭缝组成。以色散元件将辐射源的电磁辐射分离出所需要的波长或波长区域，并在选定的波长上（或扫描某一波段）进行强度测定。光谱仪分为单色仪和多色仪两种。

◎高级轴承的“防蚀衣”

铟、镓“兄弟”相貌和性格十分相似。他们都是银白色的，铟略带蓝色，闪闪发光，很像白金。铟的比重比镓要大，熔点也高得多，但也只有150多摄氏度。铟比铅软，用指甲能够刻痕，可塑性很大，延展性很好，可以压制成极薄的铟片。

铟

铟有很强的抗蚀本领。作为防止腐蚀的保护层，铟的使用历史已经很久了。

飞机、汽车等大型内燃发动机上的银镉轴承和铜铅轴承，在温度很高的情况下容易被润滑油侵蚀。如果在这类高级轴承上镀一层铟，让铟扩散到被镀的金属里，只需要0.025毫米那样薄薄的一层，这种侵蚀就会被防止，同时还能增强轴承的耐磨性，使轴承表面容易涂油，从而大大延长轴承的使用寿命。

铟也可以镀到钢铁和其他有色金属上。比如，铟和铟合金就被用作钢制推进器的模子、石墨刷子等的抗蚀覆盖物。一般的机器轴承，只要镀上一层铅铟银合金，使用寿命就能延长约5倍。

在易熔合金、焊接合金、镶牙合金、磁性合金等特殊合金中，也常常有

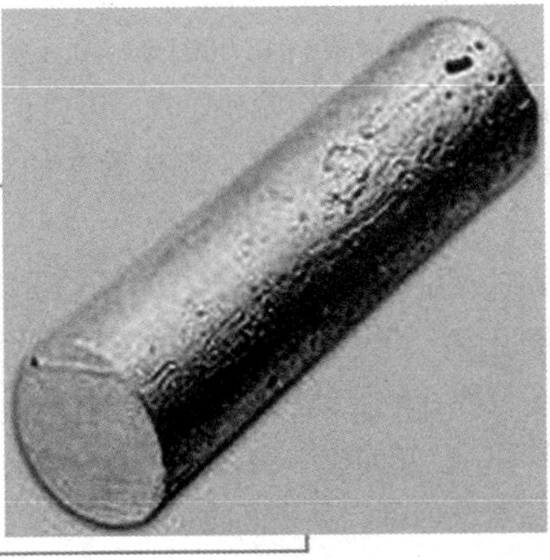

铊

铟“参加”。铟能与很多金属及非金属黏结，焊接性能良好，它作为焊料有很重要的用途。比如，铟、锡各半的合金焊料，能使玻璃与玻璃或玻璃与金属牢固地焊接起来，密封性能良好。在生产电子管时，所用金属和合金的焊料中也含有铟。利用铟熔点低而制成的易熔合金，可以用到消防系统的断路保护装置和自动控制系统的热控装置上。

铟对中子辐射敏感，于是又可用作核工业中的监控剂量材料。铟和铟合金还可用于牙科医疗、钢铁和有色金属的防腐装饰件、塑料金属化等方面。

往贵金属里添加少量的铟，这些金属会增加强度、硬度和抗蚀性。少量的铟加到银或铜里，能使它们的表面变得又亮又硬。银铸件里加进1%的铟，硬度可以提高1倍。

同镓一样，铟也可以用来制造高折射率的特种光学玻璃和探照灯的镜面之类。镀铟的镜面光亮得很。虽然铟对光的反射能力比不上银，但是它不怕海水的腐蚀，在海水海风袭击下不会氧化锈坏，也不会由于时间的长久和灯泡的高温而变暗，所以在军舰、海轮上使用是最合适不过的。

铟的矿物主要有硫铟铜矿、

拓展阅读

光学玻璃及其应用

光学玻璃即能改变光的传播方向，并能改变紫外、可见和红外光的相对光谱分布的玻璃。狭义的光学玻璃是指无色光学玻璃；广义的光学玻璃还包括有色光学玻璃、激光玻璃、石英光学玻璃、抗辐射玻璃、紫外红外光学玻璃、纤维光学玻璃、声光玻璃、磁光玻璃和光变色玻璃。光学玻璃可用于制造光学仪器中的透镜、棱镜、反射镜及窗口等。由光学玻璃构成的部件是光学仪器中的关键性元件。

硫铟铁矿和水铟矿，但都分散在别的矿物里。含硫的铅、锌矿物中常常可以见到铟。作为铟的主要来源的闪锌矿，含铟量也只有0.0001%～0.1%。事实上，提取铟的主要原料正是铅锌冶炼厂或锡冶炼厂的废渣。可以说，采用多金属矿石作原料的任何炼铅厂、炼锌厂或炼锡厂，都是潜在的炼铟厂。

正因为铟的资源稀散，提炼困难，所以直到20世纪20年代，铟的价格还比黄金高出几十倍。从1932年开始生产出第一千克铟以来，铟的产量逐年增长，价格大幅度降低。最近几年来，全世界每年已能生产几十吨铟，铟的价格只比白银高一点，而比黄金便宜得多了。已知的铊矿物都没有工业价值，铊主要是从有色重金属硫化矿的冶炼过程中作为副产品来回收的。铊也常与锌、铅、铜等的硫化矿物共生在一起，在烧结、焙烧、冶炼这些硫化矿物精矿的时候，它大部分都跟着挥发到烟尘里去。烟尘里铊的含量只有万分之几到千分之几，可它已经算得上是炼铊的富矿！

铊也是一种稍带天蓝的银白色软金属。虽然它的比重比镓大一倍，熔点高得多，但是它在空气中很容易氧化，生成一层灰绿色的氧化铊薄膜。

含铊的合金有不少。把铊加进铅基合金和银基合金，能提高合金的强度、硬度和抗蚀性，可以用来制造高级轴承。铅铊合金用做特种保险丝和高温锡焊焊料。锡铊和铅锡铊合金能够很好抵抗酸类的腐蚀。最有意思的是铊汞合金，熔点低到零下60℃，用它充填低温温度计，可以在严寒的北极和高空同温层中使用。

但是，现在我们主要还是应用铊的化合物。铊化合物已经成为生产电子工业器件的重要材料，在国防军事方面应用很广。

铊的氧、硫化合物有一个重要的特性，就是对看不见的红外线特别敏感，可以在夜间进行红外线照相。用硫化铊和氧硫化铊制成的对红外线作用灵敏的光电管，即使在伸手不见五指的黑夜，或者在一片白茫茫的浓雾中，也能够接收信号，进行侦察。

铊化合物还是生产高压硒整流片、电阻温度计、无线电传真、原子钟的脉冲传送器等的重要材料。

为了保护人体免受放射线的危害，需要在人与放射线源之间设置透明的屏蔽窗，窗上镶嵌着玻璃。过去都镶铅玻璃，但铅玻璃是固体，形状固定，尺寸有限，而且容易碎裂，缺乏安全感。如果用液体的甲酸铊来代替铅玻璃，那就可以做成能够改变形状的屏蔽窗，它的耐放射线能力要比铅玻璃高百倍以上，安全可靠，而且几乎可以永久使用。

许多铊的化合物是有毒的，不过就连有毒这一点也可以利用，用到医药和农业方面。比如，早在1920年，人们就用铊盐做灭鼠剂，后来又用它来杀虫，特别对消灭白蚁非常有效。硫酸铊无嗅无味，与糖、淀粉、甘油等混合在一起，会使鼠类虫蚁胃口大开，吃进肚子以后不知不觉地中毒死亡。应该说，铊化合物的应用正是从灭鼠杀虫药剂开始的。不过，为了避免铊可能对环境造成污染，影响人体健康，现在有的国家已经禁止铊在灭鼠杀虫方面的应用。

你知道吗

抗凝血灭鼠剂

抗凝血灭鼠剂是目前最常用的一类慢性灭鼠剂。一般采用低浓度、多次投放。主要品种有杀鼠灵、杀鼠迷、大隆、溴敌隆、杀它仗、敌鼠钠盐和氯敌鼠等。误服后立即口服催吐剂或刺激咽喉部人工催吐，催吐后口服活性炭100克，然后迅速将患者送医院治疗。维生素K_1是此类灭鼠剂的特效解毒剂。

铊跟照明也有关系。当然不仅是铊，铟、镓等等也在内。

人类用火光照明已经有许多年的历史，但是用电照明却不过百来年。电照明的种类可多啦，白炽灯、霓虹灯、日光灯、高压汞灯，还有氙灯、钠灯等等，少年读者大概都知道。可是，你知道还有钠铊铟灯、铊灯、铟灯、镓灯等所谓金属卤化物灯吗？

金属卤化物灯是在高压汞灯的基础上发展起来的。高压汞灯虽然比白炽灯先进，但是它仍有不足之处，主要是光谱里缺乏红色光，光色蓝幽幽的，显色性不好。经过反复试验，科学家们找到了一条改善高压汞灯光色的新路，那就是往灯里加进适当的金属卤化物——金属元素与卤族元素碘、溴、氯、氟的化合物，结果便研制出了一种新灯——金属卤化物灯。这种60年代才问世的新一代的电光源，现在已经在国防、科研和工农业生产中获得广泛的应用。

稀散金属的特点是又稀又散。

不过，虽然铟、铊的含量是很稀的，镓在地壳里的蕴藏量却是不少的。

它们到处“寄存”，不形成本身单独的矿物，或者虽然形成单独的矿物，但是这类矿物极其稀少，没有可供开采的矿床。所以人们只好到那些处理有关矿石的工厂的半成品或者废料里面去提取。

拿镓作例子。镓在地壳里的含量不算太少，比锑、银、铋、钨、钼都多。但是，自然界中至今还没有发现单独的镓矿物。只有一种镓的共生矿物叫硫镓铜矿。

人们发现，镓常常跟它在元素周期表上的“邻居”——铝、锌、锗、铟、铊等生活在一起，并与它们的矿物共生。比如，铝土矿中镓的含量是0.002%～0.01%，闪锌矿中镓的含量是0.01%～0.2%；锗石中镓的含量比较高，可以达到0.1%～0.8%。事实上，第一块金属镓就是从闪锌矿中提炼出来的。当时总共处理了4000千克闪锌矿，好不容易才制得75克金属镓。此外，含锗的煤中也含有镓。直到现在，氧化铝生产过程中的循环液，依然是生产镓的主要原料。

在氧化铝的生产过程中，镓主要富集在循环液里。如果循环液中镓的含量较低，可先在溶液中加进石灰乳，使铝变成难溶的铝酸钙沉淀并分离出去，接着通进二氧化碳，获得富镓化合物的沉淀。用氢氧化钠溶液溶解富镓沉淀物，进行电解，即可得到纯度为99.99%的金属镓。如果循环液中镓的含量较高，也可以采用碳酸化的方法获得富镓化合物的沉淀，然后如法炮制，用氢氧化钠溶液溶解，经水溶液电解制得金属镓。这样制得的金属镓还是粗镓，可以把它放在60℃以上的高纯盐酸中进行酸洗处理，除掉其中的锌、铝、铁、钙、镁等一些杂质，才能获得纯度为99.99%的工业镓。

工业镓的纯度已经完全足够了吧？不，如果你是要用它来制备砷化镓等化合物半导体，那么工业镓的纯度也是远远不够的。我们需要的是纯度达到99.9999%～99.99999%的高纯镓，也就是它的杂质含量不能超过$1/10^{-7}$～1/10的范围。我国采用化学处理、电解精炼和拉晶提纯等方法，已经可以制得纯度超过99.9999%的超纯镓。

前面说过，镓也常常跟锗一起“隐藏”在煤里。在煤燃烧或者气化的过程中，镓往往在烟道灰里富集起来，含量高达0.75%。因此，有些煤灰也是提取镓的原料。

知识小链接

半导体

半导体，指常温下导电性能介于导体与绝缘体之间的材料。半导体在收音机、电视机以及测温上有着广泛的应用。半导体材料很多，按化学成分可分为元素半导体和化合物半导体两大类。锗和硅是最常用的元素半导体；化合物半导体包括Ⅲ－Ⅴ族化合物（砷化镓、磷化镓等）、Ⅱ－Ⅵ族化合物（硫化镉、硫化锌等）、氧化物（锰、铬、铁、铜的氧化物），以及由Ⅲ－Ⅴ族化合物和Ⅱ－Ⅵ族化合物组成的固溶体（镓铝砷、镓砷磷等）。除上述晶态半导体外，还有非晶态的玻璃半导体、有机半导体等。

稀土金属“十七姊妹”

如果你有打火机，只要用大拇指把打火机上的可动部分一按，“咔嚓”一声，小转轮底下迸出了火花，就把汽油灯芯或可燃气体给点着了。

打火机打火，关键在于金刚砂转轮底下的那一小块打火石。打火石不是普通的石头，而是一种稍加摩擦或敲打就很容易氧化并发火燃烧的金属，是一种用镧、铈等稀土金属与铁的合金制成的。这种发火合金现在已被广泛地应用到曳光弹、子弹和点火装置以及其他军事设施上。

稀土金属

讲到稀土金属，前面已经说过，成员可真不少，总共 17 个，被称为“稀土金属十七姊妹”。

稀土金属大都有一副朴素的银灰色的外表，只有少数几种呈淡黄色或浅蓝色。它们的外貌相像，化学性质相似，所以在矿物中经常共生在一起，只有钪是例外。从 1794 年芬兰人加多林在 1 种不寻常的黑色矿石——硅铍钇矿中分离出第一种稀土金属钇，到 1947 年美国人马林斯基等从铀的裂变产物中找到钷，其间经历 150 多年，才终于把稀土家族的全部成员找齐。

从发现到应用还有一个相当长的时期。钇、铈、镧等少数几种稀土金属到 20 世纪 50 年代，其余多数稀土金属到 20 世纪 60 年代，才开始进行工业性生产。即使到今天，我们还很少有机会看到单一的纯稀土金属。工业上往往直接利用混合稀土金属，也就是包含有多种稀土金属的合金。

稀土金属的用途日广，用量增大，越来越成为我们生产和生活中的得力助手。

“稀土金属十七姊妹”的化学性质活泼，几乎能同所有的元素起作用。在电真空技术中，混合稀土金属和铝、钍的合金用作电子管的消气剂，清除里面的残余气体，提高电子管的真空质量。

稀土金属的光谱非常丰富，而且能量分布均匀，可以得到强度很高、颜色非常匀称的弧光。电器工业用稀土金属的各种氟化物（主要是氟化铈）制造碳弧电极，用到探照灯、弧光灯和彩色电视机等方面，灯的亮度增强，发光时间持久。

拓展阅读

稀土元素的由来和分类

稀土就是化学元素周期表中镧系元素以及与镧系的 15 个元素密切相关的两个元素——钪（Sc）和钇（Y）共 17 种元素，称为稀土元素（Rare Earth）。简称稀土（RE 或 R）。

稀土元素是从 18 世纪末叶开始陆续发现，当时人们常把不溶于水的固体氧化物称为土。稀土一般是以氧化物状态分离出来的，又很稀少，因而得名为稀土。通常把镧、铈、镨、钕、钷、钐、铕称为轻稀土或铈组稀土；把钆、铽、镝、钬、铒、铥、镱、镥钇称为重稀土或钇组稀土。也有的根据稀土元素物理化学性质的相似性和差异性，除钪之外（有的将钪划归稀散元素），划分成三组，即轻稀土组为镧、铈、镨、钕、钷；中稀土组为钐、铕、钆、铽、镝；重稀土组为钬、铒、铥、镱、镥、钇。

稀土金属的化合物是极重要的发光材料。它们以某种方式吸收外界的能量，然后把它转化成为光发射出来。单一的高纯稀土氧化物如氧化钇、氧化铕、氧化钆、氧化镧、氧化铽等，可以制成各种荧光体，广泛应用到彩色电视机、彩色和黑白大屏幕投影电视、航空显示器、X 射线增感屏等方面，同时也可用来制作超短余辉材料、各种灯用荧光粉等等。

日光灯是千家万户不可缺少的照明设备，它省电，发光效率高，但也有不足，主要是显色性差，灯光下看物体白淡淡的。如果采用稀土三基色（红、绿、蓝）荧光粉，并按一定配比涂在灯管上，那么发光效率就可以更高，节电 25%，而且显色性好，能够充分显示被照物体的本来颜色，光线柔和，对保护视力也大有好处。

一台彩色电视机就用上了五种稀土金属：电视机的玻壳里含有氧化钕，玻壳要用氧化铈抛光，氧化钪被用作彩色显像管里电子枪上的阴极，荧光屏上的红色荧光粉是钇和铕的氧化物。这种荧光粉的发光效率高，色彩鲜艳稳定，能使图像亮度增强 40%。

此外，稀土发光材料还被用做投影电视白色荧光粉、超短余辉荧光粉、其他各种灯用荧光粉、X 射线增感屏用荧光粉等等。用于 X 射线增感屏的稀土荧光粉，可使增感倍数达到 5 倍之多，这不仅大大降低了 X 射线剂量，减少了它对人体的危害，而且还能节约能源，延长 X 射线管的使用寿命，有利于有关设备的小型化。

人们从 60 年代起就开始认识到稀土金属的催化性能。裂化是石油的化学加工过程，目的是把石油的大分子裂解成更多的小分子，也就是以重质油品为原料，制得较轻较贵重的油品（如汽油）。这个过程在催化剂的作用下可以进行得更快更有效。过去石油催化裂化都用合成硅酸铝作催化剂，1962 年，人们研制出一种稀土分子筛催化剂来逐步代替它，与原来的催化剂相比，稀土分子筛催化剂的活性高，寿命长，处理能力提高 24%，汽油产率增长 13%，还能改善所产汽油的质量。

直到现在，石油化工仍然是稀土金属的主要用户之一。除了把铈族混合稀土氯化物和富镧稀土氯化物制备的微球分子筛，用于石油的催化裂化过程外，稀土催化还可以用到其他各个方面，比如硫酸铈是氧化二氧化硫的催化剂，氯化铈是聚酯生产的催化剂，硝酸铈是合成耐纶、人造羊毛的催化剂。

一种稀土金属镨、钕的催化剂已用到合成橡胶的生产上，化肥生产过程中也要用到稀土催化剂。

> **广角镜**
>
> **一氧化碳中毒机理**
>
> 一氧化碳中毒是含碳物质燃烧不完全时的产物经呼吸道吸入引起中毒。中毒机理是一氧化碳与血红蛋白的亲合力比氧与血红蛋白的亲合力高200～300倍，所以一氧化碳极易与血红蛋白结合，形成碳氧血红蛋白，使血红蛋白丧失携氧的能力和作用，造成组织窒息。对全身的组织细胞均有毒性作用，尤其对大脑皮质的影响最为严重。当人们意识到已发生一氧化碳中毒时，往往为时已晚。因为支配人体运动的大脑皮质最先受到麻痹损害，使人无法实现有目的的自主运动。可手脚已不听使唤。所以，一氧化碳中毒者往往无法进行有效的自救。

近些年来，稀土金属还在消除公害、防止污染方面初显身手。比如，稀土化合物可以用来有效地清除工业废水里的磷酸盐、氟化物等杂质。某些稀土金属与另外一些金属的复合氧化物，可以用于净化气体，一个典型的例子是把镧铜锰氧化物制成催化剂，用到汽车排气系统中，它能催化一氧化碳和碳氢化合物在较高温度下氧化，变成二氧化碳和水，使一辆汽车即使行驶万里也不冒一缕黑烟，既减轻了大气污染，又节省了汽油消耗。

在油漆、颜料、纺织、化学试剂、照相药品等生产部门，稀土金属的化合物也得到了广泛的应用。在日常使用的各种塑料制品的生产中，加进适量的稀土化合物，不仅可防止塑料制品的老化，且能提高它们的耐磨、耐热、耐酸性能。稀土用于皮革和毛线的染色，对皮革具有去臭、防腐、防蛀、防酸的效果，着色牢固，日晒雨淋也不易褪色；对毛线则有增强光泽和鲜艳度的功能，穿在身上蓬松柔软而不起球。

更有意思的是，稀土还跟农业直接挂上了钩。民以食为天，农业收成如何，关系到整个国民经济的发展。稀土在实现我国农业现代化方面，可以发挥一定的作用，它不仅可以制造农药，消灭害虫病菌，更重要的是可以用来生产稀土微量元素肥料——“常乐”，直接为增加农业收成和改善作物果实品质作贡献。

名不见经传的“常乐”是我国科技人员的创造，实际上是一种以稀土为主要成分的新型植物生长调节剂。说它是微量元素肥料，是因为它用量很少，远不像施普通肥料那样多，一般一亩地只需25～50克就够。可是，用量虽小，作用却很大，它能促进农作物生根发芽，枝繁叶茂，叶绿素增加，光合作用增强，氮、磷、钾的吸收和运转加快，结果使小麦、水稻等粮食作物增产5%～13%，花生、大豆等油料作物增产10%以上，甘蔗增产8%～12%，烟草增产8%～19%，茶叶增产20%，蔬菜、水果增产10%～20%。投资1元，能取得7～10元的收益，而且使用技术简便，成本低，无毒无污染，安全可靠。

我国从1986年开始大面积推广稀土农用，到1989年已总共施用2500吨"常乐"，累计推广面积6200万亩，增产粮食、豆类约5亿千克，增加的农业经济效益接近6亿元。继冶金、石油化工之后，农业已成为我国稀土的第三大用户。

◎不断发展的新用途

我们在日常生活中会经常碰到磁体，而制造电子、电工器件以及精密仪器、仪表就更少不了磁性材料。一切具有磁性的物体都可以叫做磁体，其中能长期保存磁性的磁体被叫做永磁体。

人们最早利用的磁体是天然磁体，比如磁铁矿就是。但是现在用的磁体却是用钢、合金或金属氧化物制成的，叫做人工磁体。几十年来，人工永磁体有了很大的发展，从普通的高碳钢发展到铁钴合金，以后又在这种合金中加进了钨、钼或者铝、镍等等。但是，这些磁性材料都有一个很大的缺点，即它们的磁场能量小，做成的器件又大又重，结果带来了很多麻烦。

重大的变化发生在1967年，美国科学家首先发现某些稀土和钴的金属间化合物具有极优异的磁性能，这样就发明了一种有名的钐钴永磁体。以后，又在这个基础上发展出了一系列以稀土和铁、钴、铜、镍等合金为基的永磁体。这就是第一代和第二代稀土永磁材料，它们的磁场能量比碳钢高150倍，相当于铝镍钴磁体的4倍。

1983年又研制出了第三代稀土永磁材料——钕铁硼永磁体，这才是真正的"永磁王"，它的磁场能量超出第一代稀土永磁体1倍多。钕铁硼永磁体可吸起比它自身重量大640倍的铁块，而同样大小的铁氧体磁体，却只能吸起比自身重量大 120 倍的铁块。具有优异磁性能的稀土永磁体，为所制器件和产品的微型化轻量化开辟了道路，并被广泛用到电机装置、家用电器、仪器仪表、医疗器械以及粒子束聚焦系统、磁悬浮技术等方面。

你手上戴的指针式石英电子手表，就少不了稀土永磁体，因为转动指针要用微型步进电机，而这种电机的转子就是用钐钴永磁材料制作的。用稀土永磁体做的拾音器，体积小，重量轻，装到电吉它上，灵敏度要比铁氧体拾音器高 3 ~4 倍，而且音色、音量也好得多。高压电子显微镜上的重要部件——小型磁透镜，是用稀土金属镝和钕制成的，它的效能与 500 千克重的铁芯磁透镜相同，而重量却只有它的 1% 。利用强大的稀土永磁体，还可以使轴承与轴座脱离接触，变成一种无摩擦轴承，它不需要外来能源，运行起来要安全可靠得多。

基本小知识

石　英

石英，无机矿物质，主要成分是二氧化硅，常含有少量杂质成分，如 Al_2O_3、CaO、MgO 等，为半透明或不透明的晶体，一般为乳白色，质地坚硬。石英是一种物理性质和化学性质均十分稳定的矿产资源，晶体属三方晶系的氧化物矿物，即低温石英（a－石英），是石英族矿物中分布最广的一个矿物种。广义的石英还包括高温石英（b－石英）。石英块又名硅石，主要是生产石英砂（又称硅砂）的原料，也是石英耐火材料和烧制硅铁的原料。

前面已经提到核磁共振成像装置，它是目前世界上最先进的医疗诊断设备。这种设备所需的强大磁场，如果依靠铁氧体磁体来提供，那就需要 100 吨重的磁体，若用“永磁王”钕铁硼来代替，则仅要 2 ~4 吨便足够，从而使这个庞然大物变得简单小巧得多。

我国稀土永磁材料的研究开发工作发展迅速，如今已广泛应用到卫星通信的行波管、陀螺仪以及航空、坦克、汽车、电梯、家用电器、电脑驱动等各类专用电机上。我国新生产的 10 万 ~30 万千瓦发电机组，几乎全部配用稀土永磁副励磁机，总装机容量为 1640 万千瓦，仅仅由于可靠性提高这一点，就已经为国家节约了 1.9 亿千瓦时的电力。

化学元素的奥秘

TANWEI GUANZHI DE
HUAXUE XIANXIANG

元素，又称化学元素，指自然界中一百多种基本的金属和非金属物质，它们只由一种原子组成，其原子中的每一核子具有同样数量的质子，用一般的化学方法不能使之分解，并且能构成一切物质。一些常见元素的例子有氢、氮和碳。到2007年为止，总共有118种元素被发现，其中94种是存在于地球上。1923年，国际原子量委员会作出决定：化学元素是根据原子核电荷的多少对原子进行分类的一种方法，把核电荷数相同的一类原子称为一种元素。直到今天，人们对化学元素的认识过程也没有完结。当前化学中关于分子结构的研究，物理学中关于核粒子的研究等都在深入开展，可以预料它将带来对化学元素的新认识。

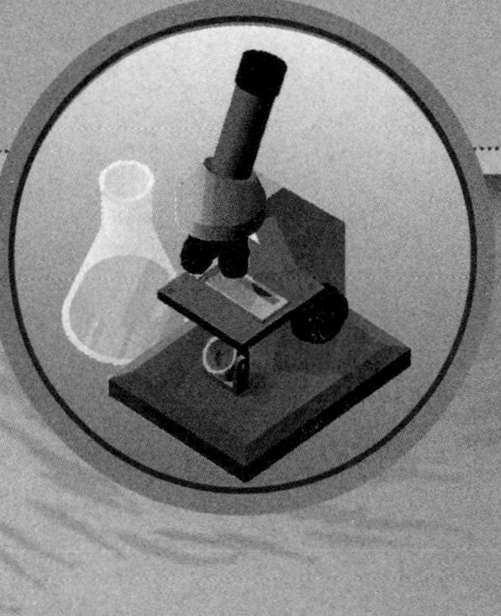

化学元素之最

最理想的气体燃料是氢气。

最早发现氢气的人是瑞士的帕拉塞斯。

最常用的溶剂是水。

最简单的有机化合物是甲烷。

含氮量最高的化肥是尿素。

动植物体内含量最多的物质是水。

地球表面分布最广的非气态物质是水。

除锈效果最好的物质是盐酸。

最不活泼的非金属是氦。

熔点最低的单质是氦，为零下272℃。

熔点最高的单质是石墨，为3652℃。

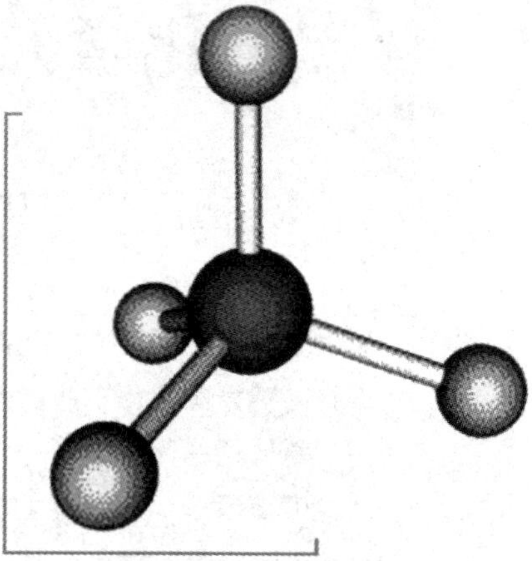

甲烷分子球棍模型

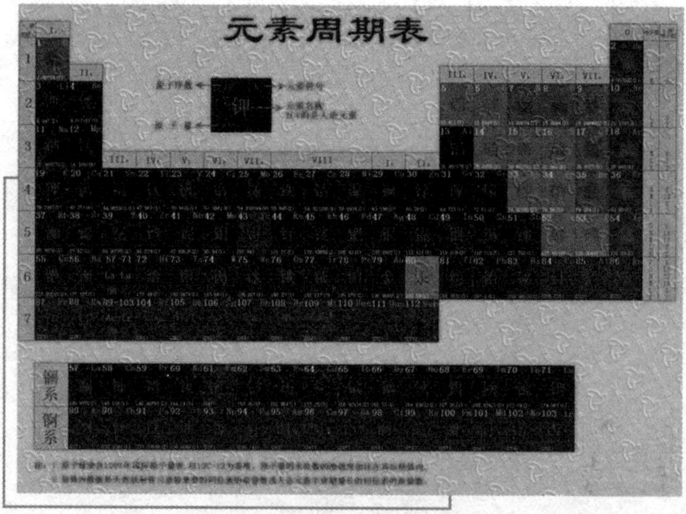

元素周期表

知识小链接

熔　点

物质的熔点，即在一定压力下，纯物质的固态和液态呈平衡时的温度，也就是说在该压力和熔点温度下，纯物质呈固态的化学势和呈液态的化学势相等，而对于分散度极大的纯物质固态体系（纳米体系）来说，表面部分不能忽视，其化学势则不仅是温度和压力的函数，而且还与固体颗粒的粒径有关。

最硬的天然物质是金刚石。

最容易“结冰”的气体是二氧化碳。

形成化合物最多的元素是碳，目前已经知道的含碳化合物有近千万种之多。

当今世界上最重要的三大矿物燃料是煤、石油、天然气。

空气中含量最多的气体是氮气，约占空气体积的 78%。

植物生长需要最多的元素是氮。

地壳中含量最多的元素是氧，含量约为 48.6%，几乎占地壳质量的一半。

★ 原子能反应堆需要用适当的液体和气体做冷却剂和导热的介质，氦就是一种特别理想的冷却剂。

★ 氦气是除氢气以外最轻的气体，可代替氢气装在飞船里，不会着火和发生爆炸。

★ 液态氦的沸点为-269℃，利用液态氦可获得接近绝对零度(-273.15℃)的超低温。

★ 氦气还用来代替氮气作人造空气，供探海潜水员呼吸，防止引起“气塞症”。

★ 利用稀有气体极不活动的化学性质，生产部门在焊接精密零件或镁、铝等活泼金属及制造半导体晶体管的过程中，常用它们来作保护气。常用氩作保护气。

氦的用途

石油开采

人体内含量最多的元素是氧。

生物细胞里含量最多的元素是氧。

海洋里含量最多的元素是氧。

地壳里含量最多的金属元素是铝，含量约为地壳质量的7.73%。

最活泼的非金属元素是氟，常温下几乎能与所有的元素直接化合。

最活泼的金属元素是钫。

着火点最低的非金属元素是白磷，为40℃。

熔点最低的金属元素是汞，为零下38.9℃，熔点最高的金属为钨，是3410℃。

最不活泼的金属是金。

导电性能最好的金属是银，其次为铜。

最富延展性的金属是金，1克金能拉成长达3000米的金丝，能压成厚约为0.0001毫米的金箔，其次是银。

目前提得最纯的物质是半导体材料高纯硅，其纯度达99.999999999%。

人类最早使用的金属是铜。

在地球上存量最少的元素：砹（At），1940年为美国人所发现，估计全球存量为0.28克。

你知道吗

非金属元素有哪些

非金属元素是元素的一大类，在所有的一百多种化学元素中，非金属占了22种。在周期表中，除氢以外，其他非金属元素都排在表的右侧和上侧，属于p区。包括氢、硼、碳、氮、氧、氟、硅、磷、硫、氯、砷、硒、溴、碲、碘、砹、氦、氖、氩、氪、氙、氡。非金属元素最外层电子数大于等于4，所以其原子容易得到电子，常以阴离子形态存在于离子化合物中，或形成分子晶体、原子晶体。它们的氢化物最高价氧化物的水化物一般呈酸性。

金 块

银 块

铜 片

铜 块

最重的元素是锇（Os），密度22.584克/厘米^3，1804年为英国人所发现。

白 磷

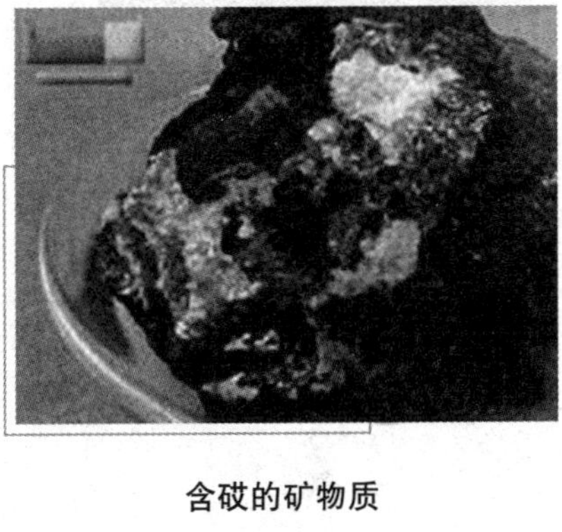

含砹的矿物质

基本小知识

密 度

在物理学中，把某种物质单位体积的质量叫做这种物质的密度。符号 ρ。国际主单位为千克/m^3，常用单位还有克/cm^3。其数学表达式为 $\rho = m/V$。在国际单位制中，质量的主单位是千克，体积的主单位是立方米，于是取1立方米物质的质量作为物质的密度。对于非均匀物质则称为“平均密度”。

锇

熔点最低的元素是氦（He），融点零下271.72℃，1895年为英国人所发现。

由最多同位素构成的元素：氙（Xe），共有30种同位素，1898年为英国人所发现。

由最少同位素构成的元素是氢，只有3种。

最昂贵的元素是锎（Cf），1968年时1微克（10^{-6}克）的售价为1000美元。1950年为美国人所发现。

以最纯的状态得到的元素是锗（Ge），1967年的记录为纯度可达99.9999999%，1886年为德国人所发现。

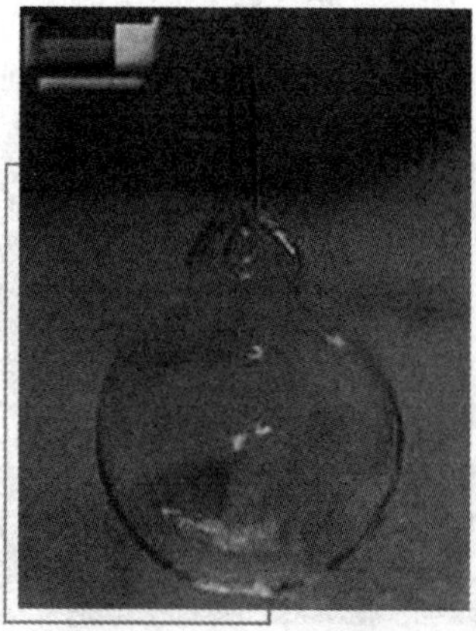

氙

锗

化学元素与生命

人体是由许多化学元素组成：蛋白质主要由碳、氢、氧、氮、磷组成，氨基酸主要由碳、氢、氧、氮、硫组成。

人体所需微量元素为：铁、锌、硒、碘、铜、锰、铬、氟、钼、钴、镍、锡、硅、钒，此外，亦有资料认为锶、砷、硼为人或动物所必需。

①人体必需微量元素，共8种，包括碘、锌、硒、铜、钼、铬、钴及铁。②人体可能必需的元素，共5种，包括锰、硅、硼、钒及镍。③具有潜在的毒性，但在低剂量时，可能具有人体必需功能的元素，包括氟、铅、镉、汞、砷、铝及锡，共7种。

拓展阅读

生命的物质基础——蛋白质

蛋白质（protein）是生命的物质基础，没有蛋白质就没有生命。因此，它是与生命及与各种形式的生命活动紧密联系在一起的物质。机体中的每一个细胞和所有重要组成部分都有蛋白质参与。蛋白质占人体重量的16%～20%，即一个60公斤重的成年人其体内约有蛋白质9.6～12公斤。人体内蛋白质的种类很多，性质、功能各异，但都是由20多种氨基酸按不同比例组合而成的，并在体内不断进行代谢与更新。

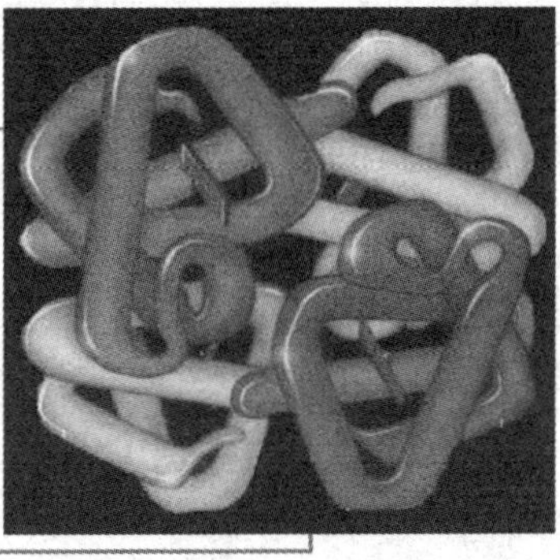

蛋白质四聚体

人体中的微量元素溶融在人体的血液里。如果缺少了这样那样的微量元素，人就会得病，甚至导致死亡。正常人每天都要摄取各种有益于身体的微量元素。即：铁、锌、铜、锰、碘、钴、锶、铬、硒等微量元素。

微量元素虽然在人体中需求量很低，但其作用却非常大。如："锰"能刺激免疫器官的细胞增值，大大提高具有吞噬、杀菌、抑癌、溶瘤作用的巨噬细胞的生存率。“锌”是直接参与免疫功能的重要生命相关元素，因为锌有免疫功能，故白血球中的锌含量比红血球高25倍。“锶、铬”可预防高血压，防治糖尿病、高血脂。“碘”能治甲状腺肿、动脉硬化，提高智力和性功能。“硒”是免疫系统里抗癌的主要元素，可以直接杀伤肿瘤细胞。

知识小链接

微量元素与人类健康

微量元素虽然在人体内的含量不多，但与人的生存和健康息息相关。它们的摄入过量、不足都会不同程度地引起人体生理的异常或发生疾病。尽管它们在人体内含量极小，但它们对维持人体中的一些决定性的新陈代谢却是十分必要的。一旦缺少了这些必需的微量元素，人体就会出现疾病，甚至危及生命。

◎ 生物功能

组成生物体内的蛋白质、脂肪、碳水化合物和核糖核酸提供基础的结构单元，也是组成地球上生命的基础。这些元素包括碳、氢、氧、氮、硫、磷。

生命的基本单元氨基酸、核苷酸是以碳元素做骨架变化而来的。先是一节碳链一节碳链地接长，演变成为蛋白质和核酸；然后演化出原始的单细胞，又演化出虫、鱼、鸟、兽、猴子、猩猩，直至人类。这三四十亿年的生命交响乐，它的主旋律是碳的化学演变。可以说，没有碳，就没有生命。碳，是生命世界的栋梁之材。

氮是构成蛋白质的重要元素，占蛋白质分子重量的16%~18%。蛋白质是构成细胞膜、细胞核、各种细胞器的主要成分。动植物体内的酶也是由蛋白质组成。此外，氮也是构成核酸、脑磷脂、卵磷脂、叶绿素、植物激素、维生素的重要成分。由于氮在植物生命活动中占有极重要的地位，因此人们将氮称之为生命元素。

氨基酸和一些常见的酶含硫，因此硫是所有细胞中必不可少的一种元素。

1. 磷素是构成各种生命物质所必需的成分。人体内矿物质的20%是磷，它在体内含量为第二。人体内有丰富的矿质营养元素，而磷含量中的80%存在于骨骼和牙齿中，其余的磷广泛分布于体内各细胞的脂肪、蛋白质、糖类、酶和盐类中。在细胞中，磷是基因结构的基础（DNA、RNA、基因、染色体）并且在自然界的生命活动中以 ATP 和 ADP 的形式对生物能量的产生、转换和储藏起关键作用。在植物体内，磷是光合作用、呼吸作用、细胞功能、基因转移和繁殖过程所必需的。

2. 钠、钾和氯离子的主要功能是调节体液的渗透压，电解质的平衡和酸碱平衡，通过钠—钾泵，将钾离子、葡萄糖和氨基酸输入细胞内部，维持核糖体的最大活性，以便有效地合成蛋白质。钾离子也是稳定细胞内酶结构的重要辅助因子。同时，钠离子、钾离子还参与神经信息的传递。

3. 钙和氟是骨骼、牙齿和细胞壁形成时的必要结构成分（如磷灰石、碳酸钙等），钙离子还在传送激素影响、触发肌肉收缩和神经信号、诱发血液凝结和稳定蛋白质结构中起着重要的作用。

基本小知识

激　素

激素（Hormone）音译为荷尔蒙。希腊文原意为“奋起活动”，它对肌体的代谢、生长、发育、繁殖、性别、性欲和性活动等起重要的调节作用。就是高度分化的内分泌细胞合成并直接分泌入血的化学信息物质，它通过调节各种组织细胞的代谢活动来影响人体的生理活动。由内分泌腺或内分泌细胞分泌的高效生物活性物质，在体内作为信使传递信息，对机体生理过程起调节作用的物质称为激素。

4. 镁离子参与体内糖代谢及呼吸酶的活性，是糖代谢和呼吸不可缺少的辅因子，与乙酰辅酶 A 的形成有关，还与脂肪酸的代谢有关。参与蛋白质合成时起催化作用。与钾离子、钙离子、钠离子协同作用共同维持肌肉神经系统的兴奋性，维持心肌的正常结构和功能。另一个有镁参与的重要生物过程是光合作用，在此过程中含镁的叶绿素捕获光子，并利用此能量固定二氧化碳而放出氧。

5. 铁（Ⅱ，Ⅲ）的主要功能是作为机体内运载氧分子的呼吸色素。例如，哺乳动物血液中的血红蛋白和肌肉组织中的肌红蛋白的活性部位都由铁（Ⅱ）和卟啉组成。其次，含铁蛋白（如细胞色素、铁硫蛋白）是生物氧化还原反应中的主要电子载体，它是所有生物体内能量转换反应中不可缺少的物质。

6. 铜（Ⅰ、Ⅱ）的主要功能与铁相似，起着载氧色素（如血蓝蛋白）和电子载体（如铜蓝蛋白）的作用。另外，铜对调节体内铁的吸收、血红蛋白的合成以及形成皮肤黑色素、影响结缔组织、弹性组织的结构和解毒作用都有关系。

7. 锌离子是许多酶的辅基或酶的激活剂。维持维生素 A 的正常代谢功能及对黑暗环境的适应能力，维持正常的味觉功能和食欲，维持机体的生长发育特别是对促进儿童的生长和智力发育具有重要的作用。

8. 锰（Ⅱ、Ⅲ）是水解酶和呼吸酶的辅因子。没有含锰酶就不可能进行专一的代谢过程，如尿的形成。锰也是植物光合作用过程中光解水的反应中心。此外，锰还与骨骼的形成和维生素 C 的合成有关

9. 钼是固氮酶和某些氧化还原酶的活性组分，参与氮分子的活化和黄嘌呤、硝酸盐以及亚硫酸盐的代谢。阻止致癌物亚硝胺的形成，抑制食管和肾对亚硝胺的吸收，从而防止食道癌和胃癌的发生。

拓展阅读

光合作用

光合作用，即光能合成作用，是植物、藻类和某些细菌，在可见光的照射下，经过光反应和碳反应，利用光合色素，将二氧化碳（或硫化氢）和水转化为有机物，并释放出氧气（或氢气）的生化过程。光合作用是一系列复杂的代谢反应的总和，是生物界赖以生存的基础，也是地球碳氧循环的重要媒介。

10. 钴是体内重要维生素 B_{12} 的组分。维生素 B_{12} 参与体内很多重要的生化反应，主要包括脱氧核糖核酸（DNA）和血红蛋白的合成，氨基酸的代谢和甲基的转移反应等。

11. 铬（Ⅲ）是胰岛激素的辅因子，也是胃蛋白酶的重要组分，还经常与核糖核酸（RNA）共存。它的主要功能是调节血糖代谢，帮助维持体内所允许的正常葡萄糖含量，并和核酸脂类、胆固醇的合成以及氨基酸的利用有关。

12. 钒、锡、镍是人体有益元素，钒能降低血液中胆固醇的含量。锡可能与蛋白质的生物合成有关。镍能促进体内铁的吸收、红细胞的增长和氨基酸的合成等。

13. 硅是骨骼、软骨形成的初期阶段所必需的组分。同时，能使上皮组织和结缔组织保持必需的强度和弹性，保持皮肤的良好的化学和机械稳定性以及血管壁的通透性，还能排除机体内铝的毒害作用。

14. 硒是谷胱甘肽过氧化物酶的必要构成部分，具有保护血红蛋白免受过氧化氢和过氧化物损害的功能，同时具有抗衰老和抗癌的生理作用。

15. 碘参与甲状腺素的构成。溴以有机溴化物的形式存在于人和高等动物的组织和血液中。生物功能有待进一步确证。

16. 砷是合成血红蛋白的必需成分。

17. 硼对植物生长是必需的，尚未确证为人体必需的营养成分。

◎如何摄取

人体必需微量元素共 8 种，包括碘、锌、硒、铜、钼、铬、钴、铁。

含碘丰富的食物有食盐、海带、紫菜、鱼虾、海参等。野山菌中的铁、锌、铜、硒、铬含量较多，经常食用野山菌补充微量元素的不足。

补铁：各种动物肝脏、牛肉、鳝鱼、猪血。

补锌：牡蛎、鲱鱼、瘦肉、鱼类等。

补铜：动物肝脏、硬壳果、豆类、牡蛎。

补锰：坚果、谷物、咖啡、茶叶等。

补铬：牛肉、动物肝、粗粮、黑糊椒等。

补硒：鸡蛋、动物内脏、鱼类等。

补钴：各种海味、蜂蜜、肉类等。

注意：保健品、药品并非补充微量元素的首选。由于各种食物中所含的微量元素种类和数量不完全相同，只要平时的膳食结构做到粗、细粮结合，荤素搭配，不偏食不挑食，就能基本满足人体对各种元素的需要。人如果表现出缺乏某种微量元素的症状，其实缺的通常并不止是一种微量元素，而是多种。但如通过保健品补充，往往只能缺什么补什么。如果通过均衡饮食，则可以吸收食物中的多种微量元素。

人工合成化学元素历史

在科学昌盛的 21 世纪，利用人工方法把一种化学元素转变为另一种元素并不是不可能的。这不仅仅是因为科学家已经了解到，原子是由原子核和电子组成的，原子核又是由质子和中子组成的，而且他们还掌握了强大的足以轰开原子核大门的武器，把原子分裂开来，并重新组成新的原子。为这一研究工作奠定理论和实验基础的是英国化学家和物理学家卢瑟福。

1910 年，卢瑟福进行了著名的 α 粒子轰击金箔的实验，他发现大多数 α 粒子能够穿过金箔继续向前行进，也有一部分 α 粒子改变了原来行进的方向，但改变的角度不大。只有极少数的 α 粒子被反弹了回来，好像碰到了坚硬的不可穿透的物体。

卢瑟福认为，这个实验说明金原子中有一个体积很小的原子核，原子的质量和正电荷都集中在原子核内。α 粒子通过原子中的空间部分时，不会受到阻力，可以顺利地穿过，但如果碰到原子核，则互相排斥（α 粒子和原子核都带正电），α 粒子就会被弹回来。

卢瑟福设想，金原子核中有 79 个质子和 118 个中子，质量太大，α 粒子和金原子核之间的排斥力太大，并不能把金原子核轰开。如果采取两种措施：一方面用能量很高的 α 粒子来轰击；另一方面，把被轰击的对象改为轻的原子核，例如氮原子核（含有 7 个质子和 7 个中子）。那么，α 粒子与氮原子核之间的排斥力要小得多，也许能量很高的 α 粒子有可能把氮原子核轰开。

你知道吗

原子核的构成

世界所有物质都是由分子构成，或直接由原子构成，而原子由带正电的原子核和带负电的核外电子构成，原子核是由带正电荷的质子和不带电荷的中子构成。原子中，质子数 = 电子数，因此正负抵消，原子就不显电，原子是个空心球体，原子中大部分的质量都集中在原子核上，电子几乎不占质量，通常忽略不计。

实验的结果确实像卢瑟福设

想的那样，α 粒子钻进了氮原子核以后，α 粒子中的两个质子和两个中子与氮原子核中的 7 个质子和 7 个中子重新组合后，变成了一个氢原子和一个氧原子。

一个原子的原子核被轰开以后，变成了另外两个原子，这意味着化学家已经能够用人工方法合成化学元素了。卢瑟福的发现还改变了 19 世纪以来化学界认为“元素永远不变”的理论。确实，这位曾经获得 1908 年诺贝尔化学奖的科学家的探索是具有开创性的。

虽然卢瑟福将原子分裂后得到的都是一些轻元素，但是，想要用人工的方法获得重元素也是可能的。只要能够制造出威力更强的“大炮”，发射出各种高能粒子，就能达到目的。1929 年，美国加州大学物理系教授劳伦斯设计出回旋加速器，被加速的带电粒子的速度接近光速，具有极高的能量。

1940 年起，美国化学家西博格和麦克米伦等人，用回旋加速器产生的高能粒子轰击不同元素制成的靶，先后用人工方法制得了镅、锔等 9 种人造元素。到现在为止，各国科学家发现的 95 号到 112 号元素，都是在进行原子核反应时制造出来的。

铀不是最后的元素

打从发现铀以后，人类认识化学元素的道路，是不是到达终点了呢？起初，有人兴高采烈，觉得这下子大功告成，再也不必去动脑筋发现新元素了。可是，更多的科学家觉得不满足。他们想，虽然从第 1 号元素氢到第 92 号元素铀，已经全部被发现了，可是，难道铀会是最末一个元素？谁能担保，在铀以后，不会有 93 号、94 号、95 号、96 号……这么看来，周期表上的空白，并没有真的全被填满——因为在 92 号元素铀以后，还

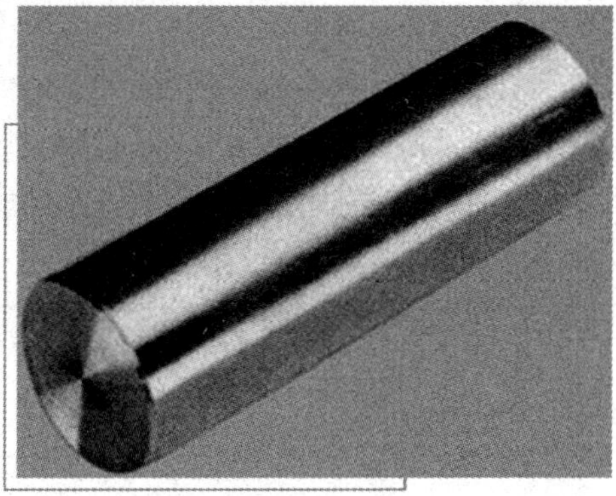

铀

有许许多多“房间”空着呢！早在1934年，意大利物理学家费米就认为周期表的终点不在92号元素铀，在铀之后还存在“超铀元素”。费米试着用质子去攻击铀原子核，宣布自己制得了93号元素。费米把这一新元素命名为“铀X”。可是，过了几年，费米的试验被人们否定了。人们仔细研究了费米的试验，认为他并没有制得93号元素。因为当费米用质子攻击铀原子核时，把铀核撞裂了，裂成两块差不多大小的碎片，并不像费米所说的变成一个含有93个质子的原子核。

直到1940年，美国加利福尼亚大学的麦克米伦教授和物理化学家艾贝尔森在铀裂变后的产物中，发现了93号新元素。他们俩把这新元素命名为“镎”。镎的希腊文原意是“海王星”，这名字是跟铀紧密相连的，因为铀的希腊文原意是“天王星”。镎是银灰色的金属，具有放射性。它的寿命很长，可以长达220万年，并不像砹、钫那样“短命”。在铀裂变后的产物中，含有微量的镎。在空气中，镎很易被氧化，表面蒙上一层灰暗的氧化膜。镎的发现，有力地说明了铀并不是周期表上的终点，说明化学元素大家庭的成员不只92个。镎的发现，还有力地说明镎本身也并不是周期表上的终点，在镎之后还有许多化学元素。镎的发现，鼓舞着化学家们在认识元素的道路上继续前进。

拓展阅读

第一颗使用望远镜发现的行星——天王星

天王星是太阳向外的第七颗行星，在太阳系的体积是第三大（比海王星大），质量排名第四（比海王星轻）。它的名称来自古希腊神话中的天空之神乌拉诺斯，是克洛诺斯（农神）的父亲，宙斯（朱庇特）的祖父。天王星是第一颗在现代发现的行星，虽然它的光度与五颗传统行星一样，亮度是肉眼可见的，但由于较为黯淡而未被古代的观测者发现。威廉·赫歇耳爵士在1781年3月13日宣布他的发现，在太阳系的现代史上首度扩展了已知的界限。这也是第一颗使用望远镜发现的行星。

化学元素知多少——元素周期表展望

19 世纪中叶，世界上已经发现了 60 多种元素。这些元素从表面上看没有什么关系。然而门捷列夫对这些“杂乱无章”的元素，进行了大量的研究工作，按照元素原子量的大小依次排列，找到了元素的物理和化学性质周期性变化的规律，即元素的性质随原子量的递增而呈现周期性的变化。他把这一规律定名为“化学元素周期律”，并排出第一张元素周期表。后来，英国科学家莫斯莱提出了原子序数的概念，指出了原子序数和元素原子核电荷数间的关系，使人们认识到元素的性质实质上是随着核电荷数的递增而呈现周期性的变化。随着人们对元素周期律认识的深化，元素周期表也几经变化，并越来越能反映元素间的内在联系。元素周期律的发现，开创了化学发展的新纪元。元素周期表具体地反映着元素周期律，成为指导科学研究的有力工具。

我们知道，在地球上存在的天然化学元素只有 92 种，它们排列在化学元素周期表中前 92 个格内。92 号元素铀以后的化学元素，以镎（93 号）、钚（94 号）、镅（95 号），直到 1982 年 10 月 9 日德国科学家越过 108 号元素的空位合成出的 109 号元素，都是通过人工方法得到的。到目前为止，得到世界各国科学家公认的化学元素，总共 109 种。那么，元素的这张名单，到底有没有尽头，会不会再有新元素出现呢？人们普遍认为 109 号元素决不是元素周期表的终点。不过再发现新元素将越来越困难，因为这些元素的寿命都很短很短，有的只有一百亿分之一毫秒（1 秒等于 1000 毫秒）。随着电学、光学和放射学的发展，通过人工方法制得的 92 号以后的这十几种元素，都符合人们所预言的特性。例如，预言从 100 号元素开始，人造元素的“寿命”越来越短，事实恰恰如此。107 号元素的“寿命”是千分之一秒；109 号元素是五千分之一秒。如此“短命”的元素，目前虽然还不能被利用，但却有重要的理论价值。近几年来，出现了一种新理论，根据这种理论，有人预言，在尚待发现的元素中，还存在着一些孤立的稳定元素。

据有的科学家推算，114 号元素的寿命可达 1 亿年，将要像金、银、铜、铁一样“长寿”，可以在生产上得到广泛应用。当然这种理论是否正确，还有待于证明。从104号元素开始，人们进入了周期表中相对来说还未开发的区域。从原子核外电子排布的量子力学推算，人们预测第7周期（不完全周期）可以是32种元素，其结尾的元素为稀有元素118号（称为类氡）；第8周期可以是50种元素，其结尾的为168号元素，称为超氧。以后的元素将进入第9周期。目前寻找新元素的工作，主要从人工合成和在自然界里寻找两个方面进行。人工合成新元素是主要的。它主要是利用高能中子长期照射、核爆炸和重离子加速器等现代实验手段来实现的。

另外，也可从宇宙射线，从陨石和月岩中，以及从自然矿物中寻找新元素。元素新周期的开发和新元素的发现，是化学工作者十分感兴趣和共同关心的问题。据报道，几位美国科学家曾用20号元素钙轰击96号元素锔，产生了116号元素。这项研究如果被进一步检验证实，那么，周期表中又增加了新的成员。元素周期表的“大厦”中到底是个什么样子？这座“大厦”中究竟有多少“住户”？是否有一天会宣告“客满”？这还要化学工作者们不懈的努力。展望未来，随着科学技术的进步和科学家的努力，化学新元素将不断被发现，元素周期表的“大厦”定会建造成功，“大厦”中的所在“住户”们也一定会为人类做出更新的贡献。

化学材料奇观

◎永不凋谢的材料之花

陶瓷是最古老的硅酸盐材料。精致的中国陶瓷制品，至今仍然吸引着世界各地的客商。随着科学技术的发展，具有特殊优异性能的现代陶瓷材料也飞速地发展起来，并且具有非常广泛的应用，被人们誉为永不凋谢的材料之花。

古代陶瓷

一天，美国新材料研究中心来了一位神秘的客人，他是美国核试验基地的空军驾驶员。他带来了新的研究课题。原来，在核战争或核试验中，一颗爆炸能力跟两万吨炸药相当的原子弹，爆炸时所产生 70 亿千卡的辐射光能要在 3 秒钟里全部释放出来，即使离爆炸中心比较远的人，眼睛也会被核闪光灼烧。空军驾驶员等到发现核闪光再戴防护眼镜就来不及了。如何解决这个问题呢？以前科研人员为他们设计了一种防核护目头盔，但控制护目镜的是一台高压电源，飞行员得背上几十千克重的用硅钢片做成的变压器，既笨重又麻烦。因此，他们向新材料研究中心提出了研究新的护目镜材料的要求。研究中心接到这一课题后，立即组织力量进行攻关。他们选择了许多材料进行了实验，最终选择到的理想材料是陶瓷。不过它不是普通的日用陶瓷，它是一种经过特殊的“极化”处理的陶瓷，它在机械力、光能的作用下，能把它们转变成电能，在电场作用下，又能把电能转变为机械能。这种特殊的功能叫做“压电效应”，具有这种压电效应的陶瓷叫压电陶瓷。

陶瓷璀璨明珠唐三彩

知识小链接

电　场

电场是电荷及变化磁场周围空间里存在的一种特殊物质。电场这种物质与通常的实物不同，它不是由分子、原子所组成，但它是客观存在的。电场具有通常物质所具有的力和能量等客观属性。电场的力的性质表现为：电场对放入其中的电荷有作用力，这种力称为电场力。电场的能的性质表现为：当电荷在电场中移动时，电场力对电荷作功（这说明电场具有能量）。

核试验员带上用透明压电陶瓷做成的特殊护目镜，带来了很大的方便。

超声波压电陶瓷电机

原子弹爆炸，当核闪光强度达到危险程度时，由于光的作用护目镜的控制装置马上就把它转变成瞬时高电压，防护镜自动地迅速变暗，在千分之一秒钟里，能把光强度减弱到只有万分之一，险情过后，它还能自动复原，不影响驾驶员的视力。这种压电陶瓷护目镜结构简单，重不过几十克，只有火柴盒那么大，安装在防核护目头盔上携带十分方便。

压电陶瓷在军事上的应用十分广泛。第一次世界大战中，英军发明了一种新的战争武器全部是铁装甲的战车——坦克，它首先在法国索姆河的战争中使用，重创了德军。坦克曾经在多次战争中大显身手。然而，到了 20 世纪六七十年代，由于反坦克武器的发明，坦克失去了昔日的辉煌。反坦克炮发射出的炮弹一接触坦克，就会马上爆炸。这是因为炮弹头上装有一种引爆装置，它就是用压电陶瓷制成的。当引爆装置跟坦克相碰时，引爆装置马上把因此产生强大的机械力转变成瞬间高电压，爆发火花，引爆雷管而使炮弹发生爆炸。

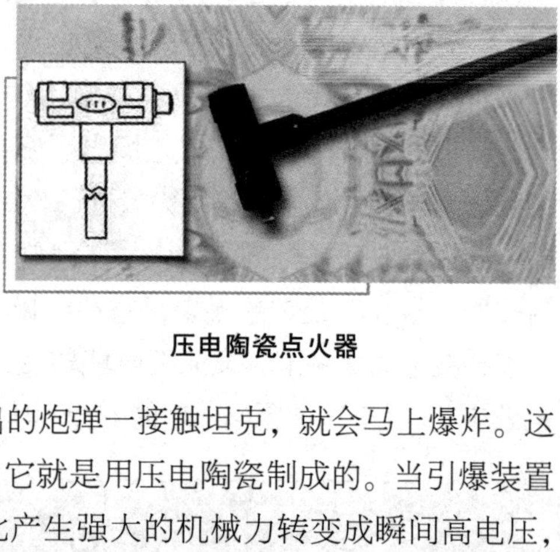

压电陶瓷点火器

当我们留心时会发现很多领域利用了有关压电陶瓷的这种优良性质。

在儿童玩具展览会的一个展台旁，只听得一只小黄狗在汪汪叫，而在旁的一只小花猫却发出“喵喵”之声，孩子们被这些能发声的电子玩具吸引住了，他们在思索，为什么这些玩具能发出和真的动物一模一样的叫声。这时讲解员叔叔开了腔，他说这是因为玩具设计师在这些小动物的肚子里装上了一只用压电陶瓷做成的特殊元件——蜂鸣器，因为它能发出像蜜蜂那样的嗡嗡的声音。当然后来经过设计师的努力，使这种陶瓷元件还能发出其他各种各样的声音。

知识小链接

电压

电压，也称作电势差或电位差，是衡量单位电荷在静电场中由于电势不同所产生的能量差的物理量。其大小等于单位正电荷因受电场力作用从A点移动到B点所作的功，电压的方向规定为从高电位指向低电位的方向。电压的国际单位制为伏特（V），常用的单位还有毫伏（mV）、微伏（μV）、千伏（kV）等。此概念与水位高低所造成的“水压”相似。需要指出的是，“电压”一词一般只用于电路当中，“电势差”和“电位差”则普遍应用于一切电现象当中。

蜂鸣器的制造十分简单，先把陶瓷素坯轧成像纸一样的薄片，烧成后在它的两面做上电极，然后极化，这时陶瓷就具有压电性了。然后再把它与金属片粘合在一起，就做成了一个蜂鸣器。当它的电极通电时，由于压电陶瓷的压电效应就产生振动，而发出人耳可以听得到的声音，只要通过电子线路的控制，就可产生不同频率的振动，而发出各种不同的声音，甚至还能发出滑变的声音。

正是由于它的发声本领变化多端，再加上它与通常的音响器相比，还具有不少优点，所以它的应用是十分广泛的。除了上面提到的电子动物，在日常生活中人们也离不开它。例如电子手表里装上一片薄薄的蜂鸣器，它就能发出嘟嘟的声音给你报时；电子计算器里装上了它，它就能按照预定的要求，发出嗡嗡之音提醒你。另外，它也能发出很响的警报声，因此可以装在消防车、救护车或其他仪器设备上，或装在金库、机要保密室里作为防盗报警器用。由于它体积很小，还可以与电子鼻组合起来做成瓦斯报警器，放在煤矿工人的口袋里，当矿井里瓦斯过量时，灵敏的电子鼻首先觉察，马上递给它一个信号，它便立刻“大喊大叫”起来。

新型陶瓷的种类有很多。如具有气敏、热、电、磁、声、光等功能互相转换特性的各种“功能陶瓷”；用于人或动物肌体，具有特殊生理功能的“生物陶瓷”等等。下面再介绍一种十分有趣的陶瓷——“啤酒陶瓷”。

说起“啤酒陶瓷”的出世，还有一个非常有趣的故事呢。

美国的化学家哈纳·克劳斯在研究一种用于宇航容器的材料配方时，无意中错把身旁的一杯啤酒当作蒸馏水倒入一个盛有石膏粉、黏土以及几种其他化学药品的烧杯中。然而，正是由于这个“无意之中”的举动导致了啤酒陶瓷的问世。这一杯啤酒一倒入烧杯中，就出现了意想不到的奇特现象，烧杯中的那些混合物立即产生了很多泡沫，体积突然膨胀了约 2 倍，不到 30 秒就变成了硬块。这使克劳斯大吃一惊，他在回忆当时的情况时说：“这一过程如此之快，以至我都想不起来我到底做了些什么。”这次偶然制成的啤酒陶瓷居然是一种具有很多优良特性的泡沫陶瓷，这是谁也没有料到的。这种后来被人称作“啤酒石”的陶瓷具有釉光、重量轻、无毒、防火性能好等特点。由于啤酒石形成时固化速度快，并有那么多优良特性，它将在增强运载工具的绝热性能、安全储存核废物、包装业、汽车制造业、农业等方面具有很高的应用价值和商业价值。

广角镜

激光的应用

激光的应用很广泛，主要有激光打标、光纤通信、激光光谱、激光测距、激光雷达、激光切割、激光武器、激光唱片、激光指示器、激光矫视、激光美容、激光扫描、激光灭蚊器，等等。

为使啤酒石的特性及应用得到充分发挥，克劳斯还采用石膏、石灰珠层岩、硫酸盐等与啤酒进行了一系列实验。实验中发现改变原料的配比，制出的啤酒石有不同的特性。另一种配比制成的啤酒石，在同样体积下，重量只有水泥的五分之一。还有一种配比的啤酒石能承受激光产生的 2316℃ 高温达一个多小时之久。还有一种啤酒石，不必进行又费钱、费事的上釉及烧釉工序，只须用喷灯处理 20 分钟，容器的表面便釉光锃亮了。

一些专家认为，啤酒石最重要的用途之一是储存核废料。大家知道，核废物如储存不当，会对环境造成非常有害的核污染。当前处理核废物较大的问题是容器，传统的方法是用防锈、不漏气的钢鼓储存，容器的内壁常用一种塑料作为防护套。但是，一旦黏结剂失效，就会发生泄漏。可想而知，这种方法和使用的材料都是不可靠的。由于啤酒陶瓷具有自行上釉的特性，所以可将其喷在新钢鼓的内表面，或旧钢鼓的外表面，形成啤酒陶瓷釉，成为一个不破裂、不泄漏的防护套，这样就可安全地储存核废物了。

当然，啤酒陶瓷目前还处于研究和开发阶段。克劳斯预见到从防火房到发动机中的某些金属部件，都将出现啤酒陶瓷的身影。如果找找它的缺点，克劳斯仅想出一条，他幽默地说：“在它生产出来的头3个星期里，闻起来有点啤酒味。”

塑料之王世界上最滑的材料——聚四氟乙烯

聚四氟乙烯分子式：

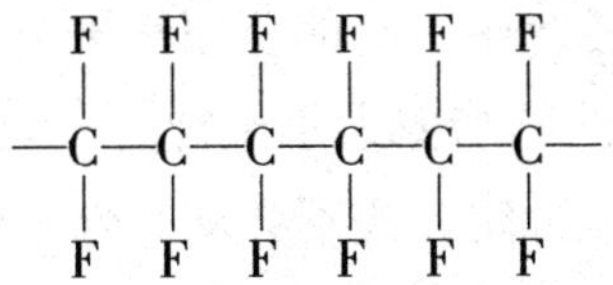

近几年来，塑料已在国防、航空、建筑、医疗卫生等行业中大显身手，预计20世纪末全世界塑料产量可达5亿吨。美国已用塑料建成一座全密封式的体育场；将来还要用巨大充气塑料气球作贸易中心；甚至出现全部用塑料包起来的城市，在这样的城市里，没有酷暑严寒，四季温暖如春。聚四氟乙烯诞生后，很快就荣获了“塑料之王”的美称。一条在锅里已煎得黄澄澄的鱼，鱼皮却一点儿也没有破，这种奇特的锅，就是涂了一层“塑料王”的不黏锅。此外，“塑料王”也能制成刀片，还可以代替人体的骨骼、韧带，甚至还可以用来修补心脏瓣膜……在现代生活中，“塑料王”这种合成塑料的用途，真是极其广泛，举不胜举。

聚四氟乙烯还能在 $-269\sim300℃$ 下长期使用，在零下260℃液氨中，它的韧性仍然很大，因此可做氢输送管道的垫圈和软管，也可做宇宙飞行登月服的防火涂料。聚四氟乙烯还有一个最奇特的性质，就是摩擦系数很小，被誉为“世界上最滑的材料”。其光滑的程度达到不可思议的地步。比如，用这种塑料制成丝，再织成布，如果桌面上放这样一块布，只要有很小的一角布由桌的一边垂下来，尽管面不太光滑，但这块布却会慢慢由那里滑落地上。这是由于布与桌面的摩擦力极小，桌旁垂下的一小角布的重量虽小，也可以把整块布垂下。通常用管道只可以输送液体或气体，尤其是管道向下斜度不大时，更是如此，若是用管道输送粒状固体，若向下倾斜不够大，就会堵塞，这主要是因为管道内壁粗糙，与颗粒摩擦之故。如果在管道内壁衬上一层用聚四氟乙烯塑料制的膜，由于它很滑，也可以运送固体。近年来有的滑雪者在滑雪板的底部粘上一层聚四氟乙烯塑料，在雪地上既滑得快，又省力气，真是一举两得。

市面上有一种新的所谓不粘底的锅，就是用一层聚四氟乙烯薄层贴在金属锅的内表面，由于这种塑料很耐高温，而且很光滑，故用这种锅煎食物时，即使不放油，食物也不会粘锅底。假如用聚四氟乙烯塑料制轴承及轴，那么轴与轴承间摩擦就很少很少，可省去加润滑油。为什么聚四氟乙烯有如此好的优良性能呢？我们知道乙烯中所有的氢原子被氟原子所取代，就会得到四氟乙烯。氟在化合物中的性能与氢大不一样。一旦它跟另外一个原子结合，如在此处与碳结合，则变很稳定，决不会从另外一个原子中寻找任一个电子来结合。它们围绕碳原子，完全保护碳原子，即使最强烈的化学能，也不会使它们松动。为此，聚四氟乙烯比任何天然的或人造的树脂都稳定，都具有更高的惰性。聚四氟乙烯的原子键合得很牢固，所以几乎不可能把它们分开，不会与其他物质的原子相结合到一块。因为这个原因，所以聚四氟乙烯不会燃烧，不会受腐蚀，也不会被它所接触到的物质所损坏。

基本小知识

润滑油

润滑油是用在各种类型机械上以减少摩擦，保护机械及加工件的液体润滑剂，主要起润滑、冷却、防锈、清洁、密封和缓冲等作用。

它是怎样诞生的呢？

1938 年的一天上午，在美国杜邦公司杰克逊化学实验室里，化学家普鲁因凯特和他的助手雷博克正在用四氟乙烯液体做实验。普鲁因凯特将一只盛有四氟乙烯液体的小钢瓶，小心翼翼地从布满干冰的冷藏室中取出来，然后放在磅秤上，助手打开了阀门，在室温下，沸点很低的四氟乙烯液体立即变成气体，争先恐后地沿着管道跑到另一个反应器中。实验才刚一开始一会儿，不知为什么，从钢瓶里逸出的气流就停止了，雷博克指着磅秤上显示的重量，不解地问："钢瓶里怎么还会有相当多的四氟乙烯液体没有蒸发？""可能是阀门孔道堵塞了。"思维敏捷的普鲁因凯特边说边用一根细铁丝去疏通阀门孔道。然而，磅秤上的指针依然未动。

咦，这究竟是什么原因呢？好奇的普鲁因凯特摇了几下钢瓶，仿佛觉得里面有些固体也在晃动。看来四氟乙烯自身一定发生了反应，化学家有一种灵感。"雷博克，快拿一把十字镐来。"化学家果断地说。钢瓶的阀门被十字镐凿了下来，果真里面抖落出了一些白色的固体！"啊，一种新的物质在钢瓶里诞生了！"普鲁因凯特激动地拉着助手的手说。

为了充分利用聚四氟乙烯的这些优良性能，世界上一些先进的国家都加强了氟聚合物协合镀层的研究。所谓氟聚合物协合镀层，即将金属表面处理和注入氟聚合粒子两种方法相结合，可赋予基底金属以防腐蚀、自润滑和其他宝贵性能。美国奈特工业公司采用聚四氟乙烯注入硬膜层阳极氧化镀层，将聚四氟乙烯和氧化铝结合起来形成覆盖铝和铝合金的镀层，得到的是一个自固化、自润滑的表面，其性能优于普通硬膜阳极氧化镀层。它们还把此种铝的构件用于美国陆军用的夜视镜，提高了目镜、旋钮、托架等零件的耐磨性。现在已研究成功的不仅有铝的协合镀层，还有铁、铁合金、铜、镍等协合镀层。这项新技术将会发挥越来越大的作用。

基本小知识

夜视镜

夜视镜是基于夜视技术同时借助光电成像器所做的辅助观察工具。夜视镜有两种，一种是微光夜视镜，一种是红外夜视镜。

塑料金花——功能塑料

在繁花似锦的塑料大花园里，功能塑料格外绚丽多彩。其中，工程塑料、导电塑料、磁性塑料、生物塑料和形状记忆塑料备受人们的青睐，被称为五朵塑料金花。工程塑料是指机械强度比较高，可以替代金属用作工程材料的一类塑料。这种塑料除高强度外，还有良好的耐腐蚀性、耐磨性、自润滑性以及制品尺寸的稳定性等优点。聚苯硫醚就是一种新型工程塑料。它具有很高的热稳定性，可以在370℃时进行加工处理。它还具有很强的耐化学腐蚀性，在170℃以下目前尚未发现可溶解它的溶剂。因此，它是一种大有发展前途的耐热防腐材料。聚碳酸酯是一种透明的热塑性工程塑料。它的抗冲击韧性大大优于玻璃，透明度跟有机玻璃差不多，所以大量用于制造超音速飞机的座舱罩和电子工业中各种各样的电容器。用它所制成的电容器晶莹透明，美观耐用，电性能优良。

众所周知，塑料一般对电是绝缘的。因此，在电器工业中广泛用塑料做电的绝缘材料。然而，也能让塑料导电。从已问世的导电塑料来看，一般分为结构型和复合型两大类。所谓结构型导电高分子，即高分子本身通过离子或电子导电，如聚乙炔等。目前已开发的导电塑料主要是复合型的。它以聚合物高分子为基础，与各种导电质（金属、炭黑、石墨等）进行复合而制得。如在聚丙烯中，加入导电性填料（如炭黑）、抗氧化剂、润滑剂，经混炼、成型，再加工处理就得到导电聚丙烯塑料。导电塑料主要用于制造塑料电池、轻质电线电缆、导电薄膜和导电黏结剂等，还可代替部分金属用于微电子工业。让磁粉与塑料“结亲”，就可复合而成磁性塑料。这种塑料不仅带有磁性，且比重小，成型后收缩率小，既可制成薄膜，又能塑造成复杂的形状，在通信、电脑等高技术领域里大有用武之地。用人造材料来再造人体的组织和器官，是几百年来人类梦寐以求的愿望。

塑 料

现已有不少生物高分子材料应用于临床，从输血管、导尿管到人工肾、人工肝、人工肺、人工骨头、人造血管等都可用某些生物大分子材料制作，它们挽救了千百万人的生命。心脏起搏器是用高分子材料聚乙烯吡啶、碘复合物作阴极，锂作阳极制成的。心脏跳动次数低于30～40次/分有生命危险时，埋入病人胸部的起搏器产生的脉冲可使心脏跳动次数增加到 70 ~ 80 次/分，使病人转危为安。这种起搏器一般可使用 10 年。高分子材料聚丙烯薄膜具有渗析血液里二氧化碳的功能，可用它设计制造人工肺。在日本利用这种人工肺已使 40 多名丧失肺功能的病人获得了新生。功能塑料的佼佼者要数形状记忆塑料了。它具有与形状记忆合金相仿的恢复原来形状的功能，而且能承受更剧烈的变形。另外，这种塑料成本低，加工方便。用形状记忆塑料做成的餐具受挤压发生形变时，只要浸泡在热水中便可恢复原来的面目。总之，功能塑料是当今塑料工业发展的一个主要方向，这类正在崛起的新材料将代替单纯的塑料，用于各行各业，走进千家万户。

拓展阅读

心脏起搏器的工作原理

心脏起搏器，就是一个人为的“司令部”，它能替代心脏的起搏点，使心脏有节律地跳动起来。心脏起搏器是由电池和电路组成的脉冲发生器，能定时发放一定频率的脉冲电流，通过起搏电极导线传输到心房或心室肌，使局部的心肌细胞受到刺激而兴奋，兴奋通过细胞间的传导扩散传布，导致整个心房和（或）心室的收缩。心脏的电信号使它跳动。当运动时，心脏跳动加速；当睡眠时，心脏跳动减慢。如果心电系统异常，心脏跳得很慢，甚至可能完全停止。人工心脏起搏器发出有规律的电脉冲，能使心脏保持跳动。

吸水大王——高分子吸水剂

市场上出现“小儿尿不湿”后，人们都感到很惊奇，不知它是一种什么材料做成的，竟有如此好的吸水魔力。我们知道，通常使用的干燥剂很多，如生石灰、无水氯化钙、浓硫酸等，但它们的吸水能力都比较低。最近几年来，研制出一种高吸水材料，它可以在几分钟内吸收相当于自身重量几百倍

高分子吸水剂

乃至上千倍的水，也可吸收相当自身重量几十倍的电解质水溶液、尿、血液等，而且当受到外界压力时，也不会失去吸收的水。这种神奇的材料叫高分子吸水剂。最早它是用淀粉经过化学处理以后制成的。高分子吸水材料选用的是不溶于水的支链淀粉，经过化学加工后，使其分子链盘结成固状结构。因为淀粉分子是由许多葡萄糖分子键合起来的，而葡萄糖分子有多个亲水基团，因此当这种高分子吸水材料遇到水时，分子链内部的亲水基团对水有特殊的亲合作用，水分子就一个个地往里钻。淀粉的分子链迅速伸长、舒张，把水分子包围固定在里面，形成网状结构。正像用网兜装苹果那样，表面看网兜不大，可打开后能装很多苹果。这种吸水材料可吸水达自身重量的几百倍至1000倍。高吸水材料，也可用人工合成方法制得，主要是聚丙酸盐类、聚乙烯醇类和聚环氧乙烷类等。这类树脂之所以具有大量吸水本领，主要是它们有三度空间网状结构，并且和淀粉一样具有众多的亲水基团。

当它们遇到水后，高分子网状结构膨润、扩展，渗透进入的水分子便可以与众多的亲水基相结合。因此研究设计合成具有亲水能力的基，以及增大网结构孔径，增长交联链的长度，是提高树脂吸水速度和吸水能力的重要途径。这些高分子吸水材料已在农业、林业、医药卫生等方面得到了广泛应用。例如，用它制成“吸水土”，在春旱或干旱地区拌种下地，可以保证种子出苗与生

广角镜

干燥剂的分类和工作原理

干燥剂也叫吸附剂，是用在防潮、防霉方面，起干燥作用，按吸附方式及反应产物不同分为物理吸附干燥剂和化学吸附干燥剂。物理吸附的干燥剂有硅胶、氧化铝凝胶、分子筛、活性炭、骨炭、木炭、矿物干燥剂，或活性白土等，它的干燥原理就是通过物理方式将水分子吸附在自身的结构中。

长。过去，我国黄土高原上植树很困难，现在在树苗根部放入一些吸足水的高分子材料，就如同为其建造了一座小水库。现在，市场上卖的高吸水尿布和妇女用的卫生巾，就是用这类吸水材料和无纺布混合制成的，一块婴儿尿布可反复使用。在医疗卫生方面可做人工玻璃体、缓释药物的载体，以及人工脏器材料等。若用它调制成皮肤用的药膏，搽在患处，则无油腻感，保持湿润，可延长药效。世界上不仅出现了吸水大王，而且也出现了吸油大王。该吸油大王，即人造吸油“海绵”。

据统计，全世界石油总产量中约有千分之一流入海洋，平均每百平方米海面有 1 克石油渗入。如何消除石油对海洋的污染，一直是科学工作者研究的重要课题。日本触媒化学工业公司首创了高吸油性“海绵”，它可以吸附达自重 25 倍的各种油。该公司借鉴高吸水性树脂的技术诀窍，以丙烯类树脂作为吸油的原料，在制造工艺上着重于分子设计，供其在单体复合时，依靠分子间的张力将油吸附。它吸油量大，在油与水共存时，能有选择性地吸油。当发生原油泄漏时，只需根据原油泄漏量投入相应量的吸油“海绵”即可。吸足油的“海绵”以 0.9 左右的密度浮于水面，回收处理极为方便。“雷公打豆腐，一物降一物。”人类可以利用掌握的化学知识和技术，设计制造出许多具有奇特功能的材料，以满足人类生产生活的需要。

弹性之王——橡胶

世界上荣获“弹性之王”称号的物质是什么？是橡胶。

橡胶可以拉伸到原来长度的 7～8 倍，外力一消失，它又迅速地恢复到原来的状态。你想想看，其他一切材料，钢铁、铝、铜、塑料……在弹性方面，又有哪一种能与之相比呢？橡胶不但具有优异的弹性，还具有绝缘性、不透气性、耐腐蚀性、抗磨

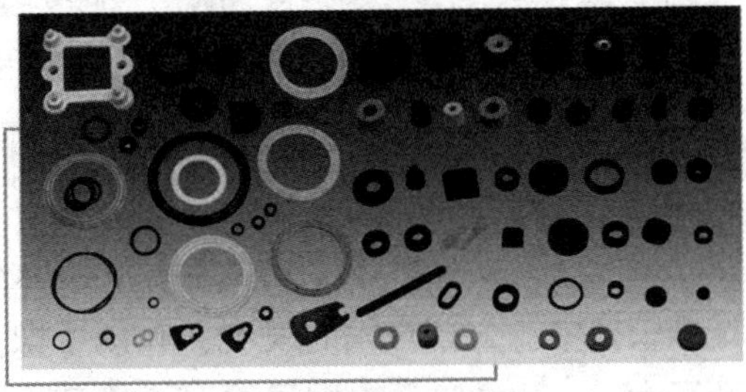

橡胶制品

损性等宝贵性能，因而它成了现代化建设不可缺少的材料。

翻开橡胶的历史，可以看到从人类发现橡胶到制成橡胶制品，从天然橡胶到合成橡胶，倾注着许多化学工作者的智慧与汗水。

人类最早认识橡胶的是美洲最古老的居民——印第安人。1493 年，航海家哥伦布第二次航行到美洲的海地岛。他看到岛上印第安人的儿童，一面哼着歌曲，一面合着节奏欢乐地把一个黑色的球扔来扔去，这球落到地面后，竟然会弹跳到几乎与原来一样的高度。哥伦布大为惊讶，仔细地向印第安人打听，才知道世界上有一种弹性非常好的物质——橡胶。

相传大约在 500 多年前，墨西哥原始大森林的印第安人，发现一种树，只要碰破一点树皮，就会流出像牛奶一样的泪水。这泪水能形成薄膜，不漏水，有弹性，它就是我们现在所说的胶乳，会流泪的树就是橡胶树。胶乳其实是橡胶分散在水里的溶液，化学上称这种溶液叫“胶体溶液”。把这种胶体溶液加入少许醋酸，或用燃烧椰壳等植物时生成的烟进行熏烤，胶汁就会凝固成具有弹性的黄色固体物质。人们叫它“生橡胶”。生橡胶性能很差，受热发黏，遇冷变脆，因此它的使用范围大大受到限制。又一件偶然事件发生了，使橡胶的命运发生了很大改变，开辟了橡胶利用的广阔天地。

基本小知识

醋　酸

醋酸又称乙酸，广泛存在于自然界，它是一种有机化合物，是典型的脂肪酸。被公认为食醋内酸味及刺激性气味的来源。在家庭中，乙酸稀溶液常被用作除垢剂。食品工业方面，在食品添加剂列表 E260 中，乙酸是规定的一种酸度调节剂。

19 世纪中叶的一天，一个叫古德意的美国人在无意中把一块生橡胶和一小块硫磺弄进了火炉，他慌忙找来火钳将橡胶取出。然而，奇迹出现了，这团从火炉取出的橡胶变了！变得更加坚韧、更富有弹性，尤其令人兴奋的是，原来温度一高就变软发黏的生橡胶，从火炉中经高温后，却反而不黏了。这是橡胶史中一个划时代的发现，开创了橡胶硫化的新工艺，为橡胶的利用打开了大门。生橡胶是由聚异戊二烯线型大分子组成，它的性质因受温度影响而发生变化。温度高时变得十分黏稠，温度低时则又变硬脆。为了改进生胶的性能，获得需要的橡胶制品，可将生胶进行“硫化”，使橡胶分子链间发生交连，生成网状大分子。同时硫化过程中还加入一些填充剂（如炭黑、陶土等）和防老剂等。硫化后的熟橡胶，在抗张强度和耐磨等机械性能上都有很大提高。橡胶在国防上具有特殊的用途，在工农业生产和日常生活中也少不了它。它的最大特点是具有出色的高弹性，电绝缘性、防水性和不透气性，因此它是一种宝贵的材料。一辆坦克需要800千克橡胶，一艘3万吨级的军舰就要用68吨橡胶。人类对橡胶的需要量越来越大，而橡胶的生长速度却远远不能满足人类的需要。在这种形势下，各国竞相发展合成橡胶。

在第一次世界大战期间，德国首先由乙炔合成甲基橡胶。以后美、苏、德等国在战后又研制了丁钠橡胶、丁苯橡胶、氯丁橡胶等。目前已生产的合成橡胶不下几十个品种，产量远远超过了天然橡胶。现在世界上已有30多个国家生产合成橡胶，年总产量达700多万吨。丁苯橡胶其耐磨性、耐老化及耐热性都比天然橡胶好，目前主要用于汽车轮胎和各种工业橡胶制品。人们按习惯将它们大体分作通用和特种两类。通用指在一般民用产品方面及轮胎制造上；特种当然就是指在高温、低温、酸碱腐蚀、辐射等特殊环境中使用的橡胶。

基本小知识

乙 炔

乙炔，俗称风煤、电石气，是炔烃化合物系列中体积最小的一员，主要作工业用途，特别是烧焊金属方面。乙炔在室温下是一种无色、极易燃的气体。纯乙炔是无臭的，但工业用乙炔由于含有硫化氢、磷化氢等杂质，而有一股大蒜的气味。

在日常生活中，你到处可以看到用橡胶制成的物品：汽车与飞机的轮胎、机器传动带、雨衣、雨鞋、潜水衣、电线绝缘外套等等，真是数不胜数。橡胶不但用途广，而且用量大。造一辆卡车需生胶250千克，造一架喷气式战斗机需生胶600千克，造一艘轮船需要生胶几十吨……

人们为了获得橡胶，大力开辟橡胶园，然而，大自然是吝啬的。一亩地只可种25～33株橡胶树，种植6年后开始产胶，可连续产胶25年。每年每亩可获生胶约50千克。可是，这些胶还不够制造一辆卡车用。橡胶树还不能四海为家，只生长在热带。人们经过上百年的努力，使全世界天然橡胶的年产量上升到300万吨，还是满足不了实际需要。

介绍几种身怀绝技的合成橡胶。

橡　胶

在近代，随着科技水平的提高，特别是航空、航天事业的迅速发展，对橡胶新品种的要求也更加迫切了，人们将无机元素硅引入到有机世界中，研制出最新颖的特种橡胶——硅橡胶。它既能耐低温、又能耐高温，在-65℃～250℃之间仍能保持弹性。所以它成了飞机和航天飞机等理想的密封材料。而且它的绝缘性能也十分优越，因此还广泛应用在高精密仪表元件的制造中，人们称它是飞机和宇航工业中不可缺少的材料。如果在硅橡胶中，加入乙炔炭黑作导电填料，便可制成一种叫做斑马胶的导电橡胶。斑马胶是电子手表和其他仪表的专用材料。用斑马胶连接电子手表的集成电路和液晶指示屏，既可防震，又可传导电讯信号，而且调换部件也方便。硅橡胶还常常被做成人造关节、人造软骨甚至人工心脏瓣膜而植入人体，使病人像更换机器零件一样将病残部位得到更换，从而恢复机能。同时它还在整容、美容上广泛用作空腔部位的填补，用它不仅病人痛苦少，而且费用也低，能收到很好的效果。

另一种身怀绝技的合成橡胶是丁腈橡胶。它是用丁二烯和丙烯腈这两种有机材料聚合而成的。它是橡胶家族中当之无愧的“耐油之冠”，对矿物油、植物油等油脂的抵抗能力极强。而且这种耐油能力还可随着它含丙烯腈这种成分的增加而提高。同时，在这里面再加一点别的材料后，还可使它具有被子弹穿射后射孔能自动封闭的特性，因而用它做油箱被子弹射中后，只能“穿”而不起洞，不会漏油。目前，这种橡胶材料被用来制造飞机和军用汽车的防弹油箱。还用它制造油封垫圈、输油管道、印刷胶辊、耐油胶靴等。

橡胶制品现在已进入我们人类的各个生活领域，到处都有它的踪迹，如何使橡胶更好的为人类服务，如何使橡胶“听人的话”，这是未来橡胶的发展目的和方向。橡胶在未来的时代里，必将发挥出更大的魔力！

合成橡胶的原料可以从石油得到源源不断的供应，从此更是突飞猛进。合成橡胶的年产量已从无到有，年产量已达到600多万吨，远远超过了天然橡胶的产量。合成橡胶生产发展快，性能各有千秋，可胜任某些天然橡胶所不能担当的工作。这真是“窥破天机制橡胶，青出于蓝胜于蓝”。

现代魔术师——黏合剂

黏合剂是一种能把各种材料紧密地黏合在一起的化学物质。“黏合剂”又被称作“黏结剂”、“胶黏剂”，有的干脆就简称为“胶水”。借助黏合剂来进行连接的技术就是黏接技术。

典型的黏合剂，它在形成连接接头前的某个阶段，一般应是液体，这样才能很容易地把它涂刷在被黏接零件表面。在一定的条件下（温度、压力、时间等），它能凝固成坚硬的固体，同时，将被黏接的材料紧密结合成一个整体。

能满足这些条件的物质并不少，大自然里就有。至于人工合成的品种就更多了。现在，我们不妨来查一下黏合剂的“家谱”，看看它们到底有多少品种，相互间又有些什么关系。

黏合剂这个家族近几年来特别兴旺发达，不断有新的成员问世。这个家族里，比较老的一辈都是在大自然里生长的，如松香、树胶，还有用动物的骨、皮熬制的牛皮胶、黄鱼胶等等。这些我们统称为天然高分子黏合剂。由于这些材料来源较少，往往受天然资源的限制，性能又不完善，所以目前已逐渐淘汰，而让位给新兴的一代——合成高分子黏合剂。合成高分子黏合剂的名堂很多，主要有合成树脂类型和合成橡胶类型的，前者如环氧树脂、酚醛树脂、脲醛树脂等，后者如丁腈橡胶、氯丁橡胶等。有意思的是，这两类家族之间还很喜欢攀亲结眷，因此又出现了树脂－橡胶混合型的黏合剂。比如酚醛树脂和丁腈橡胶“结亲”生成了一般说的“酚醛－丁腈黏合剂”。这样一来，这个家族怎么能不兴旺呢？

不论是天然的高分子黏合剂，还是合成的高分子黏合剂，统称为有机黏合剂。因为它是在整个黏合剂家族里最主要和最常用的种类，所以平时就简称为“黏合剂”。

黏合剂

既然有“有机黏合剂”，肯定还有“无机黏合剂”。不错，无机黏合剂与有机黏合剂截然不同，属另一个族系。它们都是由无机物组成的，例如磷酸盐、硅酸盐等。由于分子组成及分子的结构不同。这类胶的性能与前者差异很大，它们特别能耐高温，比较硬、脆。

黏合剂具有各种各样的优良性能，如黏接强度大、耐水、耐热、耐腐蚀、密封性好、重量轻等，因此它的用途也是多方面的。

在航天工业中，每制造一架喷气式飞机至少要用 360 千克黏合剂，黏结面积在总结合面积的 60% 以上，可省去 20 万个铆钉。胶结制件，表面光滑平整，压力分布均匀，还可减轻重量。人造地球卫星和宇宙飞船中热屏蔽用的烧蚀材料便是用酚醛——环氧黏合剂来黏结的。

在交通运输方面，轮船的甲板和木料黏合，塑料和橡胶制品与钢板黏结，汽车刹车片等许多零件的黏结也都使用黏合剂。英国的工程师通过黏结钢板加固一座桥，竟使其负载能力由原来的 110 吨提高到 500 吨。

广角镜

喷气式飞机的优势

螺旋桨飞机是靠螺旋桨旋转时产生的力来使飞机向前飞行的。但是当螺旋桨的转速和飞机的飞行速度达到一定程度时，就无法再靠加快螺旋桨转速使飞机更快了。而喷气式飞机所使用的喷气发动机靠燃料燃烧时产生的气体向后高速喷射的反冲作用使飞机向前飞行，它可使飞机获得更大的推力，飞得更快。

在医疗方面，牙科大夫用医用黏合剂修补牙齿，外科大夫用胶黏结血管、肌肉组织。用氰基丙烯酯黏合伤口，10 秒钟内即可黏牢。既不需要打麻药，又可免除病人缝合时的痛苦。

在机械制造工业中，无论是各种刀具、量具、夹具和模具的黏结，还是密封补漏、设备维修和废次品的修复，都要用到无机黏合剂。

建材奇葩

在电子工业、建筑业乃至日常生活中，黏结剂的应用十分广泛，不胜枚举。所以我们可以毫不夸张地说——世界正在走向黏结组合时代。

18 世纪中叶，英国的工业迅速崛起，海上交通也格外繁忙起来。1774 年，工程师斯密顿奉命在英吉利海峡筑起一座灯塔，为过往船只导航引路。面对汹涌咆哮的海面，斯密顿难住了。按传统方法，在水下用石灰砂浆砌砖。灰浆一见水就成稀汤。用石头沉入海中，又被海浪冲击得杳无踪影。经过无数次的实验。他用石灰石、黏土砂子和铁渣等经过煅烧、粉碎并与水调和，注入水中。这种混和料在水中不但没有被冲稀，反而越来越牢固。这样，他终于在英吉利海峡筑起第一个航标灯塔。

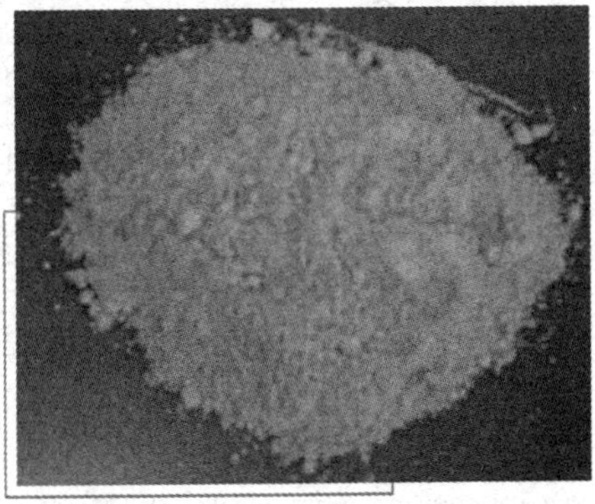

水 泥

知识小链接

英吉利海峡

英吉利海峡，又名拉芒什海峡，是分隔英国与欧洲大陆的法国、并连接大西洋与北海的海峡。海峡长 560 千米，宽 240 千米，最狭窄处又称多佛尔海峡，仅宽 34 千米。英国的多佛尔与法国的加来隔多佛尔海峡相望。

在斯密顿的成功启发下，英国建筑师亚斯普丁把黏土用石灰石混和加以煅烧后，磨成细粉，再用水进行调稀：制出了在地上干后不裂，在水中异常坚硬的材料。这种产品硬化后的颜色和强度同波特兰地方出产的石材相近，因而取名为“波特兰水泥”。亚斯普丁因此在1824年获得这项专利。“水泥”这个名称便由此沿用下来。

趣味点击 海中刺客——海胆

海胆，别名刺锅子、海刺猬，体形呈圆球状，就像一个个带刺的紫色仙人球，因而得了个雅号——“海中刺客”。渔民常把它称为“海底树球”、“龙宫刺猬”。世界上现存的海胆约有850多种，我国沿海约有150多种。常见的如马粪海胆、大连紫海胆、心形海胆、刻肋海胆等。

水泥具有水硬性，粉状水泥与水混合后，跟水发生作用，生成水泥浆，然后凝固硬化。为什么水泥在硬化过程中会逐步变得结实起来呢？在开始1小时内，水泥的颗粒被一层胶质所包裹着。这一层胶质由硅酸钙与水形成，这个过程叫做水合作片。正是由于胶层的连结，水泥颗粒才形成一个个较弱的键合网。水泥在4小时之后才能达到真正的硬化，这时就有大量的纤维从胶层中“生长”出来。它们最终生成极细且密的纤维，像豪猪或海胆的刺那样，从水泥的每一颗粒向外伸展。这些“刺”是水泥和水之间作用的产物，它是由内空的细管组成。随着纤维的变长，这些“刺”也逐渐连结在一起，从而增大了水泥的强度。

1861年，法国工程师克瓦涅接受了造拦水大坝的任务。这种跨度大还须经得起压力和冲击力的大坝，光用水泥不能胜任了。

克瓦涅一门心思要攻克这一难题。他密切地注视着周围的一切。一天，他夫人为他烹制了一条美味的鱼，他边吃边思考着拦水大坝的事情。他面对一条剔除鱼肉的鱼的骨骼发生了兴趣。突然一个奇妙的想法在头脑中闪过：能不能仿照动物体给水泥加骨头。于是他用钢筋按一定要求扎好，将水泥和砂石进行水拌和之后，灌入模板的钢筋四周并捣实。成功了，产品经过反复试验，证明是一种既耐重压又耐拉伸的经久耐用的优良建筑材料。克瓦涅把这种混合物风趣地称为“混凝土”。一座以混凝土为建筑材料的拦河大坝横卧在大河上，成为建筑史上的一座不朽丰碑。

“混凝土”的出现，可以说是建筑史上的一场革命。它使现代建筑摆脱了砖木石的基本结构模式。

20 世纪 20 年代，美国政府为了炫耀实力，于 1929 年 10 月决定建造一座 102 层高的“帝国大厦”，富有科学预见的建筑师们大胆地采用了“混凝土”结构。1 年零 8 个月之后，帝国大厦竣工。远远看去，俨然像一根电线杆子直插云霄。住在大厦周围的许多人担惊受怕：万一这摩天大楼被风吹倒，或者自身摇摆而折断怎么办？1945 年 7 月 28 日早晨，住在大厦附近的人更是乱作一团。那时正值大雾天气，一架 B—25 型轰炸机迷失了方向，撞在大厦的第 79 层上，随着一声巨响，不少人以为大厦倒塌下来，争先恐后往外跑。然而，这次相撞的结果是：飞机碎了，大厦并没有倒，只是第 79 层的一道边梁和部分楼板被撞坏。钢筋水泥建筑物从此更是名声大震。

从此，各种建筑物的造型可以通过浇注方法完成，它的形态各异，不仅有“火柴盒式”、转顶式，而且还有扇贝式、抛物线形等等，街道两边的宾馆、商厦、写字楼等等高低错落，使各大都市展现出前所未有的雄姿。

通常采用的是厚度为 3 ~5 毫米厚的钢板。由于屏蔽范围大，消耗钢材多，造价昂贵。俄罗斯混凝土和钢筋混凝土科学研究所，近来发明了一种更廉价更适用的屏蔽材料——导电水泥。为了使水泥导电，他们在水泥中添加了煤焦。用这种水泥建造的楼房，楼房本身就是一个屏障，并且比金属屏障更加安全可靠。但是，这种导电水泥像金属一样，具有很高的反射系数。因此在室内，电磁波的能量仍然很高。

广角镜

扇贝的饮食价值

无论是在东方还是西方的食谱中，扇贝都是一种极受欢迎的贝类食物。在扇贝中有两种类型的肉，一种是扇贝的内敛肌，呈白色，很有肉感；另一种则是分布在内敛肌周围的肉，红色且很柔软。通常，扇贝中的肉只取内敛肌作为食材，而周围红色的肉则被丢弃。

为了保护工作人员和仪器设备，必须安装专门的吸收材料，而这样造价又太高。为此，它们又发明了一种更理想的导电水泥，这种新型导电水泥既能很好地吸收电磁辐射，又具有很低的反射系数。它的研制成功可使电磁波的防护费用减少到原先的1%，成为建材系列中的奇葩。这种新型导电水泥不仅可以用来建造新型厂房，也可用作防护层涂层。另外，它还有其他各种用途。例如，导电水泥在通电流时会发热，这样的发热既安全又不会引起燃烧。因此可以用导电水泥建造热交换器、干燥室、不结冰的机场跑道、人行道和楼梯，以及建造带有暖墙和暖地的住房等。还设想把导电水泥加热器用在洗衣机、熨衣机、熨斗和其他加热器具中。它真不愧为是一种多才多艺的新型建筑材料，它的应用前景非常广泛。

羊毛并不出在羊身上

“羊毛出在羊身上”，这是人人皆知的一句俗话。可是，在科学技术飞速发展的今天，羊毛已经不是全部出在羊身上了。不出在羊身上的“羊毛”，叫合成羊毛，化学名字为聚丙烯腈（简称腈纶）。

人类用羊毛织成各种羊毛衣、羊毛毯等羊毛织物已有上千年的历史了。羊毛由多种蛋白质组成，其中主要的一种叫“角蛋白”。这种角蛋白营养丰富，是某些小虫特别爱吃的食物，所以羊毛衣、羊毛毯很容易受到虫的蛀蚀。羊毛虽然有这个缺点，但是因为它的纤维具有柔软、容易卷曲、保暖性好、分量轻、能复制等优点，所以仍很受人们的喜爱。不过，从一头羊身上一年只能剪取几千克到十几千克的羊毛；畜养一头羊，又要付出很多的劳力，因而羊毛的产量不能不受到条件的限制，价格也难以降低。

能不能用化学的方法，制造出一种像羊毛一样的“羊毛”呢？人们从黏胶纤维的成功中获得了某种启示。于是，科学家的目光又投入了人工合成纤维的领域之中。

1920年，德国的斯陶丁格教授成功地剖析了天然纤维的结构，并指出：“在一定条件下，小分子可以聚合成纤维。”当时尽管他的观点在化学界还没被正式承认，但是他的研究工作为合成纤维时代的到来奠定了基础，为此他获得了诺贝尔奖章。

这里先向大家介绍你们很熟悉，也是很喜欢的合成纤维品种——聚酯纤维。

1950 年可称得上是合成纤维大丰收的一年了，在这一年，人们还研究出了在工业上制造腈纶的工艺，腈纶学名叫聚丙烯腈，其原料是丙烯腈，丙烯腈可以由电石制造，也可以用石油裂解和炼油废气中的丙烯来制造。

其特点是绝热性能优良，耐日晒雨淋能力强，蓬松性好，羽毛型感，用它制成的毛线和毛毯摸上去与真羊毛的感觉几乎一样！这就是人们从 1893 年就开始寻找的“人造羊毛”。经过人们苦苦追寻了半个多世纪，它终于来到了世界。这样合成羊毛的来源就极其丰富了，价格也便宜了。腈纶的生产发展迅速，到今天，世界上腈纶的年产量已达到 1000 万吨左右，相当于 10 亿只羊的产毛量。

“羊毛出在羊身上”成了历史的遗言。今天来说“棉花长在工厂里”也并不新鲜了。20 世纪 60 年代，人们又在工厂里合成了一种新的纤维。它白如雪、轻如云、暖如棉、柔如绒，吸水性和手感与棉花相似，因此有“合成棉花”之称。你可能万万想不到的是，这种“合成棉花”它是由化学家们像魔术师变戏法一样用石头作原料“变”来的呢？这种由石头变来的纤维叫做“维尼纶”，它的化学名称是聚乙烯醇缩甲醛纤维。

合成纤维的先驱——尼龙

尼龙，又名“卡普隆”、“锦纶”，化学名称是聚酰胺纤维。大家对尼龙并不陌生，在日常生活中尼龙制品比比皆是，但是知道它历史的人可能就很少了。尼龙是世界上首先研制出的一种合成纤维。

尼 龙

美国杜邦公司选择来源丰富的苯酚进行开发实验，到 1936 年在西弗吉尼亚的一家所属化工厂采用新催化技术，用廉价的苯酚大量生产出已二酸，随后又发明了用已二酸生产已二胺的新工艺。杜邦公司首创了熔体纺丝新技术，将聚酰胺66加热融化，经过滤后再吸入泵中，通过关键部件（喷丝头）喷成细丝，喷出的丝经空气冷却后牵伸、定型。1938年7月完成试验，首次生产出聚酰胺纤维。同月用聚酰胺66作牙刷毛的牙刷开始投放市场。10月27日杜邦公司正式宣布世界上第一种合成纤维诞生了，并将聚酰胺66这种合成纤维命名为尼龙，这个词后来在英语中变成了聚酰胺类合成纤维的通用商品名称。

知识小链接

你所不知道的杜邦公司

杜邦公司是美国大型化学公司。1802年由法国移民E. I. 杜邦在美国特拉华州威尔明顿附近建立，以制造火药为主。20世纪，开始转入产品和投资多样化，经营范围涉及军工、农业、化工、石油、煤炭、建筑、电子、食品、家具、纺织、冷冻和运输等20多个行业，在美国本土和世界近50个国家与地区设有200多个子公司和经营机构，生产石油化工、日用化学品、医药、涂料、农药以及各种聚合物等1700个门类，20 000多个品种。1983年总营业额达353.78亿美元，居世界化学公司年销售额之首。

杜邦公司从高聚物的基础研究开始历时11年，耗资2200万美元，有230名专家参加了有关的工作，终于在1939年底实现了工业化生产。遗憾的是，尼龙的发明人卡罗瑟斯没能看到尼龙的实际应用。

尼龙的合成奠定了合成纤维工业的基础，尼龙的出现使纺织业的面貌焕然一新。用这种纤维织成的尼龙丝袜既透明又比真丝袜耐穿，1939年10月24日杜邦公司在总部所在地公开销售尼龙丝长袜时引起轰动，被视为珍奇之物争相抢购，混乱的局面迫使治安机关出动警察来维持秩序。人们曾用“像蛛丝一样细，像钢丝一样强，像绢丝一样美”的词句来赞美这种纤维。到1940年5月尼龙纤维织品的销售遍及美国各地。由于尼龙的特性和广泛的用途，尼龙的产量在最初10年间增加了25倍，到1964年占合成纤维的一半以上，至今聚酰胺纤维的产量保持在一定数量级上，虽然产量已不如聚酯纤维多，但仍是三大合成纤维之一。

尼龙的合成是高分子化学发展的一个重要里程碑。在杜邦公司开展这项研究以前，国际上对高分子链状结构理论的激烈争论主要是缺乏实验事实的支持。卡罗瑟斯的研究表明，聚合物是一种真正的大分子，可以通过已知的有机反应获得。参加缩聚反应的每个分子都含有两个或两个以上的活性基团，这些基团通过共价键互相连接，而不是靠一种不确定的力将小分子简单聚集到一起，从而揭示了缩聚反应的规律。卡罗瑟斯通过对聚合反应的研究把高分子化合物大体上分为两类：一类是由缩聚反应得到的缩合高分子；另一类是由加聚反应得到的加成高分子。尼龙的合成有力地证明了高分子的存在，使人们对斯陶丁格的理论深信不疑，从此高分子化学才真正建立起来。

拓展阅读

尼龙的产生意义

尼龙是美国杰出的科学家卡罗瑟斯(Carothers)及其领导下的一个科研小组研制出来的，是世界上出现的第一种合成纤维。尼龙的出现使纺织品的面貌焕然一新，它的合成是合成纤维工业的重大突破，同时也是高分子化学的一个重要里程碑。

化学应用揭秘

TANWEI GUANZHI DE
HUAXUE XIANXIANG

当今，化学日益渗透到人类生活的各个方面，特别是与人类社会发展密切相关的领域。化学与人类的衣、食、住、行以及能源、信息、材料、国防、环境保护、医药卫生、资源利用等方面都有密切的联系，它是一门社会迫切需要的实用学科。本章着重介绍了人类利用化学知识，在战争、医学、环保、天文等领域中的应用结果，有助于读者全方位的了解化学，并对学习化学产生兴趣。

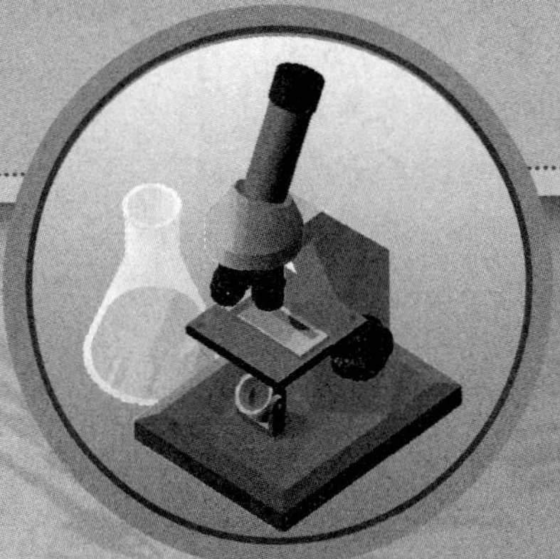

空战中的“不速之客”

一只蝴蝶落在花朵上，看上去好像是为花朵增加了一个花瓣；酸苹果树上的蜘蛛从不结网，只是静静地躲在花上，变成跟花一样的颜色，轻而易举地捕捉前来栖息的幼虫。你看，昆虫的“隐身术”是多么高明啊！

拓展阅读

雷达的工作原理

雷达所起的作用和眼睛和耳朵相似，当然，它不再是大自然的杰作，同时，它的信息载体是无线电波。事实上，不论是可见光或是无线电波，在本质上是同一种东西，都是电磁波，传播的速度都是光速C，差别在于它们各自占据的频率和波长不同。其原理是雷达设备的发射机通过天线把电磁波能量射向空间某一方向，处在此方向上的物体反射碰到的电磁波；雷达天线接收此反射波，送至接收设备进行处理，提取有关该物体的某些信息（目标物体至雷达的距离，距离变化率或径向速度、方位、高度等）。

在军事技术上，也有类似的隐身技术。像侦察中的化装术和通信中的干扰术，飞机和导弹的隐身技术等。不过，这里的“隐”字，不是对眼睛来说的，而是对雷达、红外电磁波和声纳等探测系统来说的。目前，军用飞行器的主要威胁是雷达和红外探测器。

那么，有没有什么办法对付这种威胁呢？有的，采用“隐形材料”就是一种好办法。

1982年6月初的一天，黎巴嫩的贝卡谷地显得十分闷热，防空部队的雷达兵们汗流浃背地守卫在荧光屏前，屏幕上除了司空见惯的地物回波外，什么敌情信号也没有。然而，就在这寂静炎热的气氛中，6月9日下午，当时钟刚刚指向2：14的时候，以色列的96架战斗轰炸机，突然出现在贝卡谷地上空，向19个“萨姆—6”防空导弹营同时发起了猛烈的轰炸攻击，仅仅用了6分钟的时间，就把这些防空导弹营全部摧毁！

原来以色列空军在偷袭以前使用了具有隐形效果的“侦察机”，它悄悄地躲过了雷达的监视，飞到贝卡谷地上空，拍摄了叙利亚军队阵地上的大量照片，还录下了叙利亚军队防空雷达的频率和波长，为偷袭作了充分的准备。

由此看来，在现代战争中，武器的突防能力是取得胜利的重要条件之一。对敌方进行“突然袭击”能不能获得成功，又跟能不能被对方发现有很大关系，而研究“隐形材料”，就是为了减少被对方发现的可能性。因此，近些年来，国内外的军事科学家正致力于“隐形材料”的研究和应用。

隐形飞机

美国是当今世界上研究“隐形技术”起步最早、投资最多、花力气最大的国家。早在60年代美国为了从空中获取其他国家的军事情报，研制出了一种叫“黑鸟”（也叫SR－7）的高空侦察机，这种飞机雷达有效反射很小，不容易被对方的雷达发现。原来其隐形的秘密在于它机身外面的一层特殊的涂料。这是一种由两层镶在聚胺醛甲酸乙酯塑料中的反射性铁素体材料，中间夹一层绝缘体组成的。各层材料的厚薄，通过精密的计算，有严格的规定。这样，当雷达波射来时，两层反射材料分别将其反射回去，恰恰使一个反射波的波峰处于另一个反射波的波谷位置，于是就产生了相消干扰作用，从而使两个反射波都抵消掉，敌雷达屏上就得不到任何信号了。

然而，美国的这种隐形材料也有局限性。这就是由于这种像三明治般的夹层材料各层的厚薄已经固定，它只能对付敌雷达的一种波长。要对付另一种波长，就得另外确定材料各层的厚度，大致说来，飞机的这种涂料可以包含有多种这样的材料，因而能同时对付多种不同波长的雷达探测，但是数目毕竟有限。因此，研究性能更好的“隐形材料”这一课题又摆上了美国五角大楼的议事日程。

一批来自匹兹堡的卡内基－梅隆大学的科学家，在化学系主任罗伯特·伯奇博士的率领下，多年来一直对人眼睛中的一种化学物质进行研究。这种物质叫“席夫碱性盐”，它存在于眼底视网膜中对光十分敏感的视网膜杆状细胞中，由于这种细胞同时含有一种叫视紫红质的成分，在光的光子进入眼中时，视紫红质能够在瞬息之间引起席夫碱性盐分子结构产生变化，并且在恢复原状前，使其与周围的物质产生一系列神经化学反应，从而最后导致人脑最终产生视觉。为了再现这一生理过程，伯奇博士研究小组试图复制席夫碱性盐的一种简单分子结构，成为实验室试验的模型。这是一种非常细致、复杂的工作。他们失败了多次，搞出来的一些分子结构作为对可见光产生生物反应的模型均不甚理想。但出乎意料的是，科学家们发现，有一种结构居然能绝妙地吸收电磁辐射波，也就是雷达波。这正是“无意插柳柳成荫”，伯奇博士的这一发现简直使美国国防部欣喜若狂。投入了重金试制这种能够吸收雷达波的化学材料并获得了成功。这是一种复合材料，每一种材料可以吸收一段雷达波长，将它们混合在一起，研制出新型的涂料，可以万无一失地覆盖整个雷达波长谱。用这种复合涂料的飞机在雷达屏幕上将是全“透明”的，没有任何痕迹！

知识小链接

光子的起源

早在 1900 年，M. 普朗克解释黑体辐射能量分布时作出量子假设，物质振子与辐射之间的能量交换是不连续的，一份一份的，每一份的能量为 $h\nu$；1905 年阿尔伯特·爱因斯坦进一步提出光波本身就不是连续的而具有粒子性，爱因斯坦称之为光量子；1923 年 A. H. 康普顿成功地用光量子概念解释了 X 光被物质散射时波长变化的康普顿效应，从而光量子概念被广泛接受和应用，1926 年正式命名为光子。

当然，美国军方并不准备专门依靠一种技术使飞行武器“隐形”，归纳起来有四种措施：

第一，如前所述在机身上涂上一层能够吸收电磁波的材料。

这种在视觉中吸收光的分子结构可以用来制成飞机涂料从而吸收雷达波，使飞机隐形。

第二，采用吸收雷达波的复合材料。这种材料的内部分子结构疏松，受到雷达波辐射以后会产生振动，把雷达波转换成热能而散发掉。

第三，缩小雷达有效反射面积。这种措施主要是排除飞机、导弹上那些突出的、反射作用很强的边缘部分，使飞机和导弹的外形尽可能平滑，从而减少飞机、导弹体本身在雷达上所能观察到的横截面。

第四，尽量减少飞机、导弹本身发出的电子辐射和热辐射，使对方的监测雷达和红外检测器捕捉不到电磁波和红外线。比如，在飞机和导弹上采用激光设备代替一部分电子设备，可以减少电磁波的辐射；采用既能高速燃烧，燃烧以后的热量又能急速冷却的新型燃料，这样能减少红外辐射，提高“隐形”效果。

经过一系列的探索试验，美国空军于 1975 年正式执行“隐形”飞机研制计划。整个“隐形”飞机的设计和制造是高度保密的。据泄露出来的消息，这种飞机的特点是：机身采用聚氨酯、聚苯乙烯和碳纤维等对雷达“透明”或吸收的材料制成，材料表面光洁度比铝高 20%，使机身与空气摩擦力较小，发动机功率可以降低，机载燃料也减少，炸弹一类的作战载荷可以增加。机身和很小的机翼融成一体，表面平缓而光滑，外部突出的构件极少，尾翼和机身成一定的倾角，使雷达波经相互反射而改变方向；发动机被嵌入机身，藏在一个深深的沟道末端，既能减少雷达波的反射，又能阻挡发动机产生的红外热辐射。这就是美国于 1988 年 11 月向世界公开的造价达数亿美元的 B－2 隐形战略轰炸机。它的雷达图像只有 B－52 的二百分之一，几乎“无形”。

隐形材料技术是一门新兴起的技术。它属于高技术领域。随着这门技术的深入研究和发展，必将给一些军事大国带来更激烈的军事竞争。各种武器发展的历史告诉我们，有矛必有盾。同样可以预料，有隐形技术，也必然会出现反隐形技术。人们将寻找新的对策，建立新的防空体系。

“凯芙拉”从军记

这是一个炮火连天的战场，A 军数辆主战坦克正掩护步兵向 B 军阵地发起冲击；B 军反坦克分队奋起反击，一发发反坦克导弹像长了眼睛似地准确命中目标。然而 A 军坦克好像只被轻“挠”了一下，仍继续前进，B 军反坦克分队再次组织更加猛烈的反击，仍然无效。B 军大乱，A 军一举占领阵地。

A 军坦克之所以坚不可摧，复合装甲中的“凯芙拉”材料所起的作用不可低估。

“凯芙拉”由多种化学物质溶合而成。其特点是密度低、重量轻、强度高、韧性好、耐高温、耐化学腐蚀、绝缘性能和纺织性能好，并且易于机械加工和成型。它于1972年投入生产，并开始付诸实用。当时，它的优越性能并没有完全被认识，人们仅把它用于加固径向轮胎铸模和输送带。不久，专家们发现，“凯芙拉”不仅坚韧耐磨，而且刚柔相济，具有刀枪不入的特殊本领。于是，立即受到军界的青睐，在军事上得到应用，并很快赢得了“装甲卫士”、“防弹新秀”等美称。

当前已被广泛应用的“凯芙拉”材料有两种：“凯芙拉－29”（简称K－29）和“凯芙拉－49”（简称K－49）。它们都具有下列优良性能：抗拉性强度达2760牛顿/毫米；比重仅1.44克/厘米。其断裂点的拉伸率低达4%（K－29）和2.5%（K－49）；在－196℃～182℃温度之间时，体积尺寸稳定，其性能无重大改变；不燃烧，不熔化，在温度高达500℃时，才开始熔化。“凯芙拉”纤维的比重只有钢的五分之一；玻璃纤维的二分之一。其强度却是钢的五倍，玻璃纤维的两倍，与高强度玻璃纤维的强度相近，而且经久耐用，不易老化。难怪用“凯芙拉”材料制成的复合装甲有那么好的防弹性能。

基本小知识

玻璃纤维

玻璃纤维，是一种性能优异的无机非金属材料，种类繁多，优点是绝缘性好、耐热性强、抗腐蚀性好、机械强度高，缺点是性脆，耐磨性较差。它是以玻璃球或废旧玻璃为原料经高温熔制、拉丝、络纱、织布等工艺制造成的，其单丝的直径为几个微米到二十几微米，相当于一根头发丝的二十分之一至五分之一，每束纤维原丝都由数百根甚至上千根单丝组成。玻璃纤维通常用作复合材料中的增强材料、电绝缘材料和绝热保温材料、电路基板等。

对于坦克、装甲车来说，要提高其防护能力，必须加厚装甲，这样势必会增加过多的重量，妨碍坦克的机动性能，同时还会影响发动机、底盘和悬架的设计，因此，重量是设计人员头等关心的大事。由于“凯芙拉”材料的比重比尼龙聚酯和玻璃纤维小一半，在防护力相同的情况下，其重量可减少一半。并且“凯芙拉”层压薄板的韧性是玻璃钢的三倍，能经得起反复的撞击。所以“凯芙拉”层压薄板是钢铝、玻璃钢装甲的理想代用品，它能满足设计人员的要求。近年来，“凯芙拉”材料在装甲保护方面的应用发展很快，在某些方面已完全或部分取代传统的金属材料、非金属材料，正在进入装甲防护。

“凯芙拉”层压薄板与钢装甲相结合有着广泛的用途。例如在军舰上，用“凯芙拉”制造的炮塔，重量减轻，旋转灵活，并消除了共振现象。把它应用在轻型装甲车或重型坦克上可保护发动机并增加乘员的生存机会，美军的“MIAl”主战坦克，就大量采用了“钢—芳纶—钢”的复合装甲，它能防中弹，防破甲厚度约 700 毫米的反坦克导弹；还能减小因被破甲弹击中而在驾驶舱内形成的瞬时压力效应。如果把“凯芙拉”层压薄板作为机动掩蔽部的装甲衬里，能使它在不失原有机动性能的情况下，大幅度地提高对弹片和爆炸气浪的防护力及其抗高温能力。

凯芙拉防弹背心

“凯芙拉”与陶瓷（如硫化硼）的混合材料又是制造直升机驾驶舱和驾驶座的理想材料。试验证明，它能有效地抵御4. 15 克和7. 62 毫米弹片，5. 56 毫米穿甲弹。重量比玻璃钢或钢装甲轻 50% 。在都具有抵御 5. 56 毫米穿甲弹的性能情况下，钢装甲的单位面积质量应高达 82 千克/米。“凯芙拉”却只需 32 千克/米。

在制造防弹衣的众多防弹材料中，“凯芙拉”纤维后来居上，一跃成为材料技术领域的佼佼者。用“凯芙拉”可使防弹衣的重量减轻 50% 。在单位面积内质量相同的情况下，其防护力至少增加一倍，并且具有很好的柔韧性。

用这种材料制成的防弹衣仅重2～3千克，而且穿着舒适，行动方便。很快就被世界上许多国家的军队采用。

美国陆军从70年代就开始研究“凯芙拉”防弹衣。1982年将2.6万件防弹衣发给快速特种部队试穿；1984年又花费2200万美元采购了9.7万件。以色列研制的最新式“凯芙拉”多用途防弹衣，比美军在越南战场上使用的尼龙B标准防弹衣轻50%，防护性能却大有提高。在黎巴嫩战场上，由于以军穿着“凯芙拉”防弹衣，因弹片致伤人数大约减少了25%。原联邦德国对美国现用的防弹衣进行了分析研究，在此基础上制造出一种重3千克，外涂迷彩，内插特种陶瓷防弹板。从两侧开口并装上拉链的新型防弹衣。试验结果表明，陶瓷板能使弹丸偏离或粉碎，加之“凯芙拉”多层结构能吸收弹丸60%的能量，因而它能起到很好的防护作用。

广角镜

防弹衣的工作原理

目前使用的如金属、防弹陶瓷、高性能复合材料板及非金属与金属或陶瓷的复合材料板等硬质材料防弹衣，其防弹机理主要是在受弹击时材料发生破碎、裂纹、冲塞以及多层复合板出现分层等现象，从而吸收射击弹大量的冲击能。当材料的硬度超过射击物的冲击能时，即可发生射击弹弹回现象而不贯穿。

若防弹衣采用高性能纤维，如防弹尼龙、芳纶纤维、基纶纤维等软质材料时，其防弹机理主要是射击弹对纤维进行拉伸和剪切，同时，纤维将冲击能向冲击点以外的区域进行传播，能量被吸收掉而将破片或弹头裹在防弹层里。

“凯芙拉”纤维重量轻、防护力强，也是制作头盔的好材料。美国在研制“地面部队单兵装甲系统”的钢盔期间，曾试用过包括哈特非钢（含锰11%～14%）、钛，以及用尼龙、玻璃纤维或“凯芙拉”加固的层压薄板等大量材料。研究表明，在上述材料中，应用“凯芙拉”作衬垫的热硬树脂合成物比用热硬树脂合成物加固的玻璃纤维性能好，其冲击阻力和平均重复冲击阻力比后者大25%～70%，裂纹扩展阻力和耐震力还要更大些。美国用了6年时间，花费了250万美元，研制出用“凯芙拉”材料制成的钢性头盔，从而结束了作为美国陆军象征的“钢锅”式的钢盔时代。这种头盔仅重1.45

千克，其防弹性能比原标准钢盔高出了33%。同时用这种材料制成的头盔更贴近头部，使用者感觉更加舒适。据透露，美军“地面部队单兵装甲系统”的防弹衣和头盔能保护人体60%~75%的关键部位，可使战场伤亡人数减少三分之一。

近年来，随着“凯芙拉”纤维生产工艺的不断改进，其性能越来越好，它的应用范围迅速扩展到现代尖端武器装备领域。美国配置在核潜艇上的“三叉戟-I”型导弹的3级发动机壳体全部由“K-49”复合材料制成；瑞典的“比尔”反坦克导弹的发射管和弹体也都采用了“凯芙拉”复合材料。此外“凯芙拉”纤维复合材料在卫星和宇宙飞行器上也得到广泛应用。例如，国际通信卫星5号的薄层蜂窝结构天线，其内面板采用“K-49”/环氧复合材料，夹心为“凯芙拉”蜂窝结构；陆地卫星3号则采用“凯芙拉”/环氧制作椭圆抛面反射器。

总之，人们把“凯芙拉”纤维看成初绽在高科技尤其是军事材料园地中的奇葩并不过誉。

遨游大海，梦想成真——人工鳃的产生

“天高凭鸟飞，海阔凭鱼跃。”有一天人类能像鱼儿一样，在大海里自由遨游多好啊！科学家们对鱼类进行了研究，发现鱼之所以能生活在水里，是因为鱼具有鳃这一特殊的生理构造。鳃能将水中所含的氧分离出来供鱼类生存需要，同时将鱼体产生的二氧化碳通过鳃排出，这样来完成鱼的呼吸循环，使鱼类能在水中生存。要是人有鳃一样的器官，不就可以像鱼一样在水中生活了吗？很遗憾，我们人类身上没有这样一个器官，今后也不可能长出一个鳃来。但是，我们能否利用智慧，人工制造出一个这样的鳃来呢？如果能获得成功，不就可以到水中去遨游，像鱼儿一样在水中自由自在地生活了吗？要制造人工鳃，首先要找到具有这种特殊功能——即能吸进氧气，呼出二氧化碳气的材料。科学家在研究生物结构时发现，生物的基本生命单元是细胞。细胞膜能将营养物质析出并让它渗到细胞里去，也能将人体排出的废物通过它赶出来，细胞膜在维持生命的新陈代谢中发挥着重要作用。

根据这个道理，如果我们能够研究出一种薄膜，它在水中能吸进氧气，又能排出二氧化碳，人工鳃不就可以制成了吗？有机硅化合物，是元素有机化合物中很重要的一大类化合物。许多有机硅化合物具有优异的化学性质和物理性质，但最神奇的，能为人类创造奇迹的还要数那些特殊的功能材料。科学家在研究硅的有机化合物中，发现有的硅有机化合物可以制成很薄的薄膜，这种薄膜具有生理功能；将它做成一个容器状的立体放入水中后，它能从水里分离出氧气，并将氧气吸收到自己的立体空间中来，同时，它还可以从容器内向外分离析出二氧化碳气体。这不正是鱼类鳃的功能吗？这一重要的发现，促进了科技工作者对这一类材料的研究。但是，从实验到实用的路程是漫长的，只有那些不畏艰险、勇于攀登的人才有希望达到顶峰。在此项研究工作中，实践证明，目前的这种有机硅聚合物薄膜的功能还只是初步的，它分离气体的能力，还不能满足实用要求。

你知道吗

动物细胞与植物细胞

动物细胞与植物细胞相比较，具有很多相似的地方，如动物细胞也具有细胞膜、细胞质、细胞核等结构。但是动物细胞与植物细胞又有一些重要的区别，如动物细胞的最外面是细胞膜，没有细胞壁；动物细胞的细胞质中不含叶绿体，也不形成中央液泡。

总之，不论是植物还是动物，都是由细胞构成的。细胞是生物体结构和功能的基本单位。

经过计算，要至少20平方米的这种薄膜做成的容器，它从水中分离析出的氧气才能供一个人生存所用。但是，要将仅有四百分之一毫米这样薄的薄膜作成这样庞大的容器是非常困难的。何况在水下面还有来自各方面的压力，势必会将薄膜压得粉身碎骨。同时，人如果携带着这样一个庞然大物在水中也是难以行动的。当然，要想人工鳃小型化，其困难更是可想而知的。为了探索物质的奥秘，科技工作者并没有在困难面前止步，他们继续不断总结经验，顽强奋进。因为既然像鱼鳃一样功能的材料已经找到，这为制造人工鳃奠定了可贵的基础。今后的工作只是如何进一步提高功能，满足人类的实际需要。目前，有的科学家在研究将这种有机硅聚合物薄膜改制成毛细管形来试验，看能否提高其生理功能。经过科技工作者的不断努力，符合人工鳃需要的特殊功能材料，总有一天，会被造出来，到那时，人类遨游大海的梦将成为现实。

永不生病的内脏——人工肾、肝、肺

医学家们发现，造成人类死亡的病因，往往只是人体中的某一器官或某一部分组织患病，如心脏出了毛病，肺、肝或肾发生病变等，而身体的其他器官是好的，还能继续工作。如果把这些生了病的器官换掉，生命不就可以延续了吗？事实正是这样。开始，医生是用其他人的器官给病人做更换手术。但随着这方面病人的增多，这种做法已不能满足需要了，人们便很自然地想到用人造的器官来代替人体的器官。现在，人体内的各种器官及骨骼都可实现人工制造了。人工肾是利用渗析原理制成的，它是研究得最早而又最成熟的人造器官。人工肾实际上是一台“透析机”，血液里的排泄物（如尿素、尿酸等小分子、离子）能透过人工肾里的半透膜，而血球、蛋白质等半径大的有用物质都不能通过。目前，全世界靠移植人工肾存活的人已达10万以上。要制造高效微型适用的人工肾，关键在于研制出高选择性的半透膜。目前研制的制膜材料有多种多样，它们主要是人工合成高分子化合物，如聚丙烯腈硅橡胶、赛璐珞、聚酰胺、芳香基聚酰胺等。制成的半透膜的形式也有多种多样，有的制成膜、有的制成中空纤维状。这些膜在显微镜下观察，上面布满了微孔，微孔的直径只有百万分之二到千分之三毫米。

广角镜

毛细管的原理

凡内径很细的管子叫“毛细管”。通常指的是内径等于或小于1毫米的细管，因管径有的细如毛发故称毛细管。当液体和固体（管壁）之间的附着力大于液体本身内聚力时，就会产生毛细现象。液体在垂直的细管中时液面呈凹或凸状、以及多孔材质物体能吸收液体皆为此现象所致。毛细管作用的出现是由于水具有黏性，水分子互相粘着附在其他物体上的特性。这些物体可以是玻璃、布、器官组织或土壤。越细的毛细管吸水所受的气压影响越不明显，所以越细的毛细管在垂直于水面的情况下吸水程度越强。

人工肾的研制成功，挽救了千千万万肾功能衰竭的病人。现在人工肾已进入了第四代。第一代人工肾有近一间房屋大；第二代人工肾缩小到一张写字台大小；第三代人工肾只有一个小手提箱那么大，病人背上它能行走自如；第四代人工肾是可以植入人体的一种小装置，应用起来更加便利。聚丙烯腈硅橡胶是最常用的一种医用高分子化合物。它除了可作人工肾外，由于它有极高的可选择性，还可用它制成人工肝的渗透膜。它能够把血液里的毒物或排泄物，以及血液里过量的氨迅速地渗析出来。过量的氨是肝脏发病时氨基酸转化而成的。这种人工肝可以把肝昏迷病人血液里的毒素迅速排除出去，使病情很快缓解，从而拯救肝脏危重病人的生命。还可以用聚丙烯腈硅橡胶做成空心纤维管，然后用几万根这样的毛细管组织人工肺的“肺泡”，并和心脏相连，人工肺便可以工作了。空心纤维管上的小孔代替肺上的 7 亿多个肺泡组织，它能够吸进氧气，呼出二氧化碳气，使红血球、白血球、蛋白质等有用物质留在体内，完全和肺的功能一样。这种人工肺已用于临床。

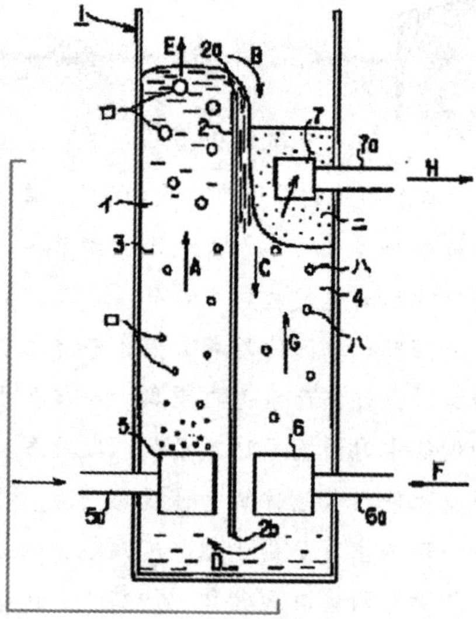

人工肺装置图

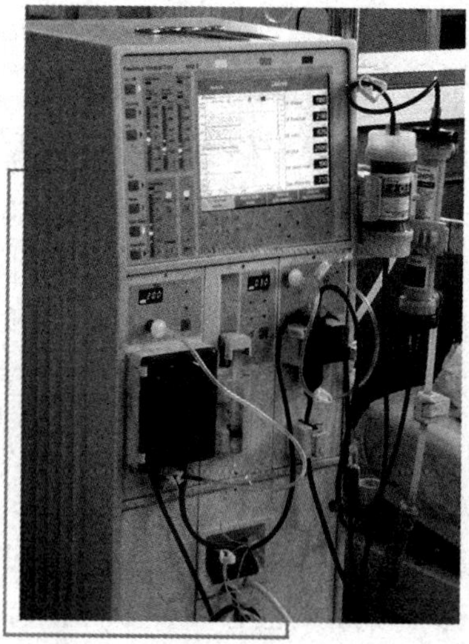

人工肾

在日本利用这种人工肺已使很多丧失肺功能的病人获得了新生。据统计，全世界几乎每 10 个人中就有一个人患关节炎。这种病不仅中老年人易得，青少年中也有相当多的人患有这种病。目前的各种药物对关节炎还不能根治，最理想的办法就是像调换机器上的零件那样，用人造关节将人体上患病关节换下来。科学家们经过大量的研究和实验，最后采用金属作骨架，再在外面包上一种特殊的“超聚乙烯”，这种医用高分子材料弹性适中，耐磨性好。在摩擦时还有自动润滑效果，不会产生碎屑。它有类似软骨那样的特性，移植到人体的效果非常好。目前在国外，这已经是一个很普遍的手术了。发展人工器官是20世纪医学上取得的重大成就，也是当今医学科学的一个重要课题，许多化学上的原理，以及许多高分子材料的研制，正是解决这一课题的重要基础。

开创医学的新纪元——分子病的医治

在非洲一些国家，儿童一生下来，便患有一种遗传病，这种病叫做镰刀形细胞贫血症。之所以称它为镰刀形细胞贫血病，是因为患有这种病的人，血液中的血红蛋白分子不像正常人那样是球状的，而是像镰刀那样，变为畸形，从而与氧结合能力降低，导致患者贫血，故命名为镰刀形细胞贫血症。那么，在这种病患者的血红蛋白分子中，什么地方出了毛病呢？我们知道血红蛋白分子是由一个个不同的氨基酸按一定的顺序连接起来的，而控制这种连接顺序的密码则是由核糖核酸（RNA）决定的。患镰刀形细胞贫血病的人，由于 RNA 分子中一种叫 CAC 的密码子被 UAC 密码子所取代，因而由它控制的合成血红蛋白分子时，第 146 个氨基酸出现了差错；正常人的血红蛋白分子中的第 146 个氨基酸是组氨酸。

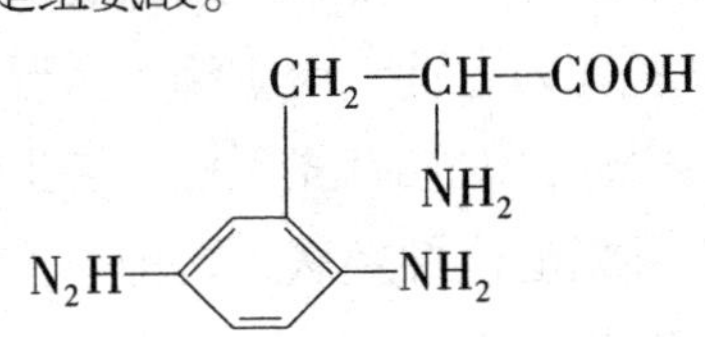

而在镰刀状细胞贫血症中则被换成了酪氨酸：

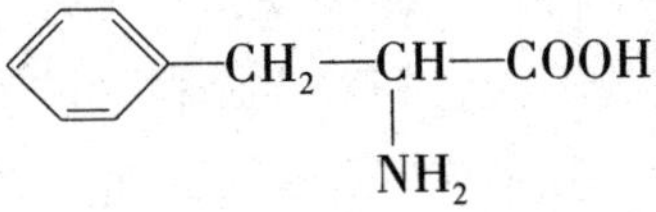

知识小链接

核糖核酸

核糖核酸（缩写为 RNA，即 Ribonucleic Acid），存在于生物细胞以及部分病毒、类病毒中的遗传信息载体。由至少几十个核糖核苷酸通过磷酸二酯键连接而成的一类核酸，因含核糖而得名。RNA 普遍存在于动物、植物、微生物及某些病毒和噬菌体内。RNA 和蛋白质生物合成有密切的关系。在 RNA 病毒和噬菌体内，RNA 是遗传信息的载体。RNA 一般是单链线形分子，也有双链的；环状单链的如类病毒 RNA；1983 年还发现了有支链的 RNA 分子。

由于酪氨酸与组氨酸的分子基因、分子形状和大小都不同，所以在血红蛋白分子中，各个氨基酸的位置和原子之间的相互作用等都发生了变化，从而导致血红蛋白分子由圆球形变成了镰刀形，这样抱合氧分子的能力降低了，使患者输氧不足，出现贫血症状。因此，这种病叫做遗传病，也叫“分子病”。到目前为止，科学家们已发现的分子病有 2000 多种。比较常见的还有血友病、苯丙酮酸尿症等。血友病也叫“王室病”，19 世纪英国维多利亚女王家族就患有这种病，后来又通过出嫁的公主将此病带到了荷兰王室。所谓血友病，即出血不止。

这是因为控制血小板的基因发生畸变，导致血小板数目急剧减少，从而大大减弱了凝血功能。得有此种遗传病的人，千万要多加小心，不能有创伤，否则会出血不止，危及生命安全。苯丙酮酸尿症也是一种比较严重的遗传病。患有此病的人，由于体内负责将苯丙氨酸代谢为酪氨酸的酶的分子结构出了差错，结果体内产生了大量苯丙氨酸和苯丙酮氨酸。由于这两种物质对大脑发育有抑制作用，可使患者智力迟钝，反应痴呆，形成先天愚症。分子病过去一直是一种可怕的难治之症，它具有先天性、终生性和家族性，给许多患者造成终生痛苦，而且还可能把这种疾病，这种痛苦一代一代传下去，对个人、对家庭、对社会、对国家都是很大的不幸。

此种病早已引起了许多科学家的关注，并千方百计加强研究，想能早日将此难题加以解决，但收效不大。随着生命科学的发展，特别是生物工程技术飞速进步，给彻底医治“分子病”带来了曙光。美国科学家曾找到了若干种分子内切酶，这种酶专一性很高，它只切断蛋白质或核糖核酸（RNA）分子中某一个特定部位的化学键，而对其他化学键则不起任何作用。这样，这种内切酶就有可能将核糖核酸分子中有缺陷的遗传基因切除，并将正常的基因片段接上，从而使核糖核酸分子恢复正常；使遗传病得到根除。目前这项技术仅仅是刚开始，还有许多实际问题要解决，但是可以预计，人类彻底消灭遗传病的日子已为期不远了！

知识小链接

化学键的类型

在水分子 H_2O 中两个氢原子和一个氧原子就是通过化学键结合成水分子。由于原子核带正电，电子带负电，所以我们可以说，所有的化学键都是由两个或多个原子核对电子同时吸引的结果所形成。化学键有三种极限类型，即离子键、共价键、金属键。

真正的“万能血”——人造血

血液是生命的命脉。它周身循环，把从肺部摄取的氧气和小肠的绒毛壁上得到的营养物不断地输送到身体的各种组织，同时又把各组织产生的废物如二氧化碳、有机酸等通过肺和肾排出体外，保证人体充满活力。据科学家计算，如果一个人活到 70 岁，那么他的心跳就曾抽吸过 1.75 亿万公升血液。如果把这些血液和聚起来，将汇集成一个 700 米长、100 米宽和 2.5 米深的大湖，这是相当惊人的。一个成年人，体内血液约占体重的十分之一。一旦血容量降到 500 毫升以下，血液循环就会终止。如果不立刻输血，很快就会死亡。奥地利的病理学专家兰斯坦纳于 1902 年证明人有 A、B、AB、O 四种血型，并发现血液里的红血球遇到异型血清时会发生凝聚，导致死亡。人们常称 O 型血为“万能血”，意思是不管需要输血的病人属于哪种血型，都可以接受 O 型血。

基本小知识

血 型

血型是对血液分类的方法，通常是指红细胞的分型，其依据是红细胞表面是否存在某些可遗传的抗原物质。已经发现并为国际输血协会承认的血型系统有30种，其中最重要的两种为“ABO血型系统”和“Rh血型系统”。血型系统对输血具有重要意义，以不相容的血型输血可能导致溶血反应的发生，造成溶血性贫血、肾衰竭、休克以至死亡。

事实上，在输血之前必须进行验血，验明输血者和被输血者的血型各是什么型的才能进行，否则因血型不一，输血后会造成生命危险。验血需要设备和时间，一些危重病人常常因为没有足够的时间和必需的设备无法输血而死亡。同时，时至今天，世界上所有血库里的血都是从身体健康的人身上取来的，血源极其有限，远远不能满足社会的需要。为了使千百万病人能在危急时刻迅速得到输血，科学家们从20世纪40年代便开始了人造血的研究。最早研究人造血的是美国辛辛那提医院的小儿科教授克拉克。他在做实验时，发现一只老鼠掉进一种白色溶液里，几小时后，老鼠竟然仍在溶液里活蹦乱跳着。他高兴极了，意识以这种溶液很可能被用作人造血。那么，这种白色溶液究竟是什么东西呢？原来它是全氟三丙胺、全氟丁基四氢呋喃、全氟辛烷等。因为在这些化合物的分子中都含有氟原子和碳原子，且占有很大比重，故又名“氟碳人造血”。

全氟三丙胺化学式：

$$\left.\begin{matrix}CF_3-CF_2-CF_2\\CF_3-CF_2-CF_2\end{matrix}\right\rangle N-CH_2-CF_3$$

全氟三丙胺制造时，首先将全氟三丙胺等经过雾化处理，制成直径只有0.1微米的微球体，以使人造血在体内进行循环时阻力较小；然后再加入少量葡萄糖和钾、钠、钙、镁等电解质，这样就制成白色的人造血了。这种白色的人造血与人血相比，有许多奇妙的功能。首先，它也能够运载氧气和二氧化碳，而且容氧量和容二氧化碳量比人血高2倍，同时从吸氧到放氧之间的速度比人血快6倍，这对病人供氧特别有利；其次，人造血的最大优点是在输血时不需要进行化验，任何血型的病人都可直接输入。而且一旦输入，便能很快缓解病情，使病人安然度过休克期。这对医疗条件较差的地方医院更为适用；再是，人造血化学稳定性好，人血一般只能放两三个月，而人造血存放两三年也不变性。更值得人们赞叹的是，人造血对一氧化碳的亲合力比人血大。

当人体煤气中毒后，只要输入人造血，它便可以从人血中把一氧化碳夺过来，使中毒者起死回生。我国对人造血的研究虽然起步较晚，但进展很快。我国化学和医学科学工作者研制的人造血，荣获中国科学院 1987 年科研成果一等奖，并在老山前线成功地挽救了 13 位战士的生命。这一成果引起了世界的关注。人造血研制的成功，是千百万失血者的福音，是 20 世纪医学的奇迹。科学家们预言，人类治病依靠献血的时代可能不需要很长时间即可宣告结束，这是人类科学智慧的又一伟大胜利。

1000 亿个神经细胞——大脑的化学世界

脑和神经组织总共不过占体重的四十分之一，但它们是体内功能最高级的系统，由它们所控制的生理功能也最多，因此成为一个十分复杂的科学课题。机体内，各器官、各系统的功能活动为什么能互相紧密联系又互相制约、互相协调呢？为什么在一定的外界环境条件下，机体能通过对功能活动的调整，取得内外环境的相对统一，运动和平衡的相对统一，从而保证机体更好地生活和工作？长期的研究工作已经证明，大脑和神经组织在这种调节机构中起着主导作用。大脑是人类一切活动的指挥部，人类的聪明才智、精神生活等都与脑中的化学有关。

大脑和神经生化，已成为生命科学的前沿课题，也是现代生活化学的重要内容。成人脑和神经的化学组成，主要含蛋白质、脂类、水分和无机盐等。水分平均含量为 78%；蛋白质约占神经组织总固体物的 38% ~40%，其中包括多种球蛋白、核蛋白和神经角蛋白；脂类占神经组织固体物的半量以上，主要有磷脂、胆固醇、糖脂、含硫脂类等。脑中的脂不仅是细胞膜以及髓鞘的组成部分，更重要的是参与脑内各种功能的活动；无机盐主要为钾的磷酸盐和氯化物，亦含少量钠和其他碱性元素的盐类。美国的舍别尔教授曾应用最新的技术，即激光扫描显微镜，深入细致地研究了人脑的微细结构，发现人的大脑由1000亿个神经细胞组成，细胞的种类约有5000万种。在大脑细胞中，最重要的部分是胞体。每个胞体又生长出数目众多的突起部分——树突和轴突。大脑中所有的胞体的树突和轴突都交织在一起，就像一片片茫茫的林海。轴突的末梢还有许多突触，突触是一些小泡，彼此间有几微米的间隙隔开。突触里的小泡和突触与突触之间的空隙都充满着传递信息的化学物质。科学家们把这些能够传递冲动的化学物质叫做“神经递质”。

到目前为止，已经发现的神经递质有30多种，如肾上腺素、去甲肾上腺素、5—羟胺以及肽等。胞体和树突有一层很薄的纤维膜，膜内外分别含有钾离子和钠离子。由于钠离子（Na^+）的半径比钾离子（K^+）的半径小，钠离子对水分子的吸引也比钾离子多。因此，钠离子与水的结合体的体积反倒比钾离子与水的结合体的体积大些。胞体和树突的纤维膜只能让钾的水合离子通过，而钠离子阻止在外边。从而造成膜内的钾离子比膜外的多，而膜外的钠离子比膜内的多。当它们受到外界信息刺激时，膜内外的化学环境立即发生变化，一部分钾离子穿过膜层流出膜外，膜外一部分钠离子也会迅速地渗入膜内。

拓展阅读

胆固醇的由来

胆固醇又称胆甾醇，为一种环戊烷多氢菲的衍生物。早在18世纪人们已从胆石中发现了胆固醇，1816年化学家本歇尔将这种具脂类性质的物质命名为胆固醇。胆固醇广泛存在于动物体内，尤以脑及神经组织中最为丰富，在肾、脾、皮肤、肝和胆汁中含量也高。其溶解性与脂肪类似，不溶于水，易溶于乙醚、氯仿等溶剂。胆固醇是动物组织细胞所不可缺少的重要物质，它不仅参与形成细胞膜，而且是合成胆汁酸、维生素D以及甾体激素的原料。

由于这两种带电离子浓度的改变，在膜的两边也就造成了一个小的电位差。当这个电位差足够大时，便会形成一个电脉冲，这个电脉冲会沿着树突刺激突触，这时，贮藏在突触末端液囊里的有机分子，如乙酷胆碱等就会喷射到突触之间的空隙里，并同空隙的有机分子形成乙酷胆碱复合物，将神经冲动传递给下一个大脑细胞的突触，一个接一个地传递。在大脑中，除了这些较小分子的神经递质外，还有许多信息密度较大的肽。肽分子上的每一个氨基酸就像一个英文字母，由几十个或 100 多个氨基酸组成的肽，就像几个英文句子。如果小分子的神经递质像电传打字机那样，一个字母一个字母地记录和传递信息的话，则肽是用录音机那样整段整段的传递。因此，大脑中化学信息的密度是相当高的，达到每立方厘米 10^{12} 个信息单位。一个表面约 5 平方米，质量约 1400 克的人脑，其总信息量达 1000 万亿个信息单位。这就是大脑的化学世界！

基本小知识

电脉冲

电脉冲，是由电容或者是间歇源产生的非稳态电流场，我们通常用的交流电就可以看成是一种脉冲电流，而其中的一个周期过程就可以看成一个电脉冲。现代的电脉冲技术发展到现在越来越向高频、高能量峰的趋势发展。在材料检测、生物、医学、核能、军事等领域都有广泛的应用。主要的作用原理有：高能焦耳热效应、热压效应、高频磁感效应、电致塑形，等等。

蓝色维他命——空气负离子

人的健康原本应该从空气开始的。国外评价空气的第一指标就是负离子的含量。像海滩、森林、高山、湖边……之所以令人心醉，全赖于饱含负离子的空气。空气负离子是一种带电的微粒。很早以前，科学家们就发现了空气带电现象。雷雨天，在电闪雷鸣的同时有巨大的能量放出，使周围空气发生电离，从而产生大量的负离子。空气负离子对人的健康非常有益。它不仅能使空气格外新鲜，还可以杀菌、除尘和治病。当空气中负离子浓度较高时，能抑制多种病菌的繁殖，降低血压和消除疲劳，促进人体的新陈代谢，调节和促进人体的生长发育。因而人们将空气负离子比喻为“蓝色维他命”和“空气长寿素”。树木、花卉放出的芳香挥发性物质具有增加空气负离子的功能，喷泉本身就是一个空气负离子发生器，甚至喷水的淋浴头也有助于发生负离子。这就是原野、海边或森林空气负离子格外多的原因。空气中的负离子不会无限增多，也不是一成不变的，而是不断产生，不断消亡。在洁清的空气中，负离子的寿命一般为4~5分钟，在污染的空气中仅能存1分钟。据测定，在北京北海公园每立方厘米空气会有832个负离子，而在行人拥挤的王府井大街每立方厘米才含有226个。

基本小知识

负离子

原子失去或获得电子后所形成的带电粒子叫离子，例如钠离子 Na^+。带电的原子团亦称“离子”，如硫酸根离子。某些分子在特殊情况下，亦可形成离子。而带一个或多个负电荷的离子称为“负离子”，亦称“阴离子”。例如，氧的离子状态一般就为阴离子，也叫负氧离子。

因此人们在北海公园和在王府井大街感觉很不一样。随着生活水平的不断提高，空调设备已进入办公室和家庭。长期在这种环境下工作和生活，会感到四肢无力，烦闷昏沉，工作效率下降，抗感染能力减弱，产生一种“城市办公空调综合征”。其原因之一就在于外界空气通过空调机风道和过滤器进入室内时，一部分负离子被阻拦。据测定，无空调房间每立方厘米空气中含负离子800个，而有空调的房间中仅有50个。因此，在这样的房间里应设置空气负离子发生器。

人需要呼吸新鲜、洁净的空气来维持生命。据统计，成年人每天呼吸约2万次，吸入的空气的量约为10~15立方米。因此，可以毫不夸张地说，空气是生命之本，是大自然馈赠给人类珍贵的资源。含有较多负离子的空气，对人体的健康极为有益。因此奉劝大家在学习工作之余，要经常到郊外、到森林、到海边、到广阔的大自然中去，尽可能多的去接受大自然奉献给人类的“蓝色维他命”。

再造“太阳”——受控热核反应

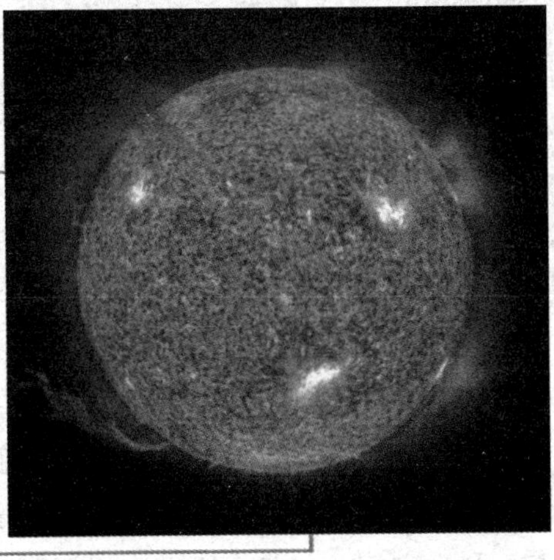

太 阳

人们在开辟新途径，寻找新能源的过程中，很自然地想到这样一个问题，那就是最理想的新能源是什么呢？经过一番艰苦的探索，终于找到了答案：受控热核反应。古希腊神话中说，地球上的火是勇敢的普罗米修斯从天上偷下来的。1938 年，美国的物理学家贝茨最先发现了“天火”——太阳的奥秘，即热核聚变。在太阳上存在着大量氢及其同位素。由于在太阳内部压强很大，温度很高，因而氢的同位素之间连续不断地发生热核反应，释放出大量能量，并向宇宙空间辐射。1954 年 3 月 1 日，美国模拟太阳热核聚变的原理，在太平洋上的马绍尔群岛成功地爆炸了第一颗氢弹，揭开了人类研究热核反应的新篇章。热核反应所用的元素是氢的同位素氘和氚。

氘是由美国哥伦比亚大学教授尤里和他的助手们，在 1931 年底发现的。他们把 4 升液态氢在 14K 下缓慢蒸发，最后只剩下几立方毫米液氢，然后利用光谱分析，结果在氢原子光谱的谱线中发现了一些新谱线，其位置正好与预期的质量数为 2 的氢谱线一致。尤里给它定了一个专门名称 Deuterium，中文译名为氘，符号为 D。后来英、美科学家又发现了质量数为 3 的 Tritium，中文译名为氚，俗称“超重氢”，符号为 T。尤里因此在 1934 年获得了诺贝尔化学奖。热核反应的种类很多，从应用观点来看，主要有以下四种：

$$D_2 + D_2 \longrightarrow He + N + 3.27MeV$$ （兆电子伏特）

$$D_2 + D_2 \longrightarrow T_2 + p + 4.04MeV$$

$$D^2 + T^2 \longrightarrow H_4^4 + n + 17.58MeV$$

$$D^2 + H_e^3 \longrightarrow H_4^4 + p + 18.34MeV$$

基本小知识

光 谱

光谱是复色光经过色散系统（如棱镜、光栅）分光后，被色散开的单色光按波长（或频率）大小而依次排列的图案，全称为光学频谱。光谱中最大的一部分可见光谱是电磁波谱中人眼可见的一部分，在这个波长范围内的电磁辐射被称作可见光。光谱并没有包含人类大脑视觉所能区别的所有颜色，譬如褐色和粉红色。

最有实用价值的是第三种反应，它释放的能量较大，原料易得，且反应的几率较大。也许有人会这样想，倘若热核聚变反应能够进行控制，那么人类所需的能源就根本不用发愁。事实证明，这种想法是正确的。从 50 年代起，科学家们就在潜心研究这个问题，题目叫做受控热核反应。这个当代自然科学研究的重大尖端课题前景十分诱人，许多国家为此先后投入了大量的人力和物力。现在已有 20 多个国家，建立了 200 多个各种类型的实验装置，开展了大量的实验工作和理论研究。其中，目前世界上最大的也是最先进的受控热核反应装置，是坐落在英国卡勒姆的托卡马克装置，它是供西欧 12 个国家共同研究用的。实现热核聚变反应条件有三个：一是温度，需达到 1 亿摄氏度；二是参加反应的氘和氚必须是等离子体，且密度要达 2×10^{20}/厘米^3；三是维持高温的时间在 1.5 秒以上。这样，氘和氚才能自动进行核聚变。

目前英国的托卡马克装置所达到的水平是：温度 4000 万摄氏度；密度 0.36×10^{20}/厘米^3；约束时间 0.8 秒。要实现热核聚变反应的条件，还必须付出极大的努力和花费足够的时间。专家们估计，如果进展顺利的话，受控热核反应可望在 2030 年开始“点火”。用热核反应作能源优点很多。最突出的优点是原料丰富，海水中约含氘 10^{17} 千克，可供人类使用几百亿年；单位质量释放的能量大，也就是说，同样质量的热核材料所放出的能量要比核裂变反应大 3～4 倍，比煤或石油大上千倍；产物基本没有放射性，即使氚有一定的放射性，也它仅是反应的中间产物，比较容易处理，因而对环境没有严重的污染。实现受控热核反应，尽管还有漫长的艰难的路程要走，但是这一宏伟目标一定会实现。到那时，人类真正把“太阳”拿在了手里，即使世界能耗比现在高100倍，也不会再出现能源危机的问题。

土卫六极可能孕育生命

据英国每日邮报报道，目前，科学家最新一项研究显示，土星的充满烟雾的卫星——土卫六尽管拥有奇特的环境，但与地球有着惊人的相似之处。

惠更斯探测器已探测发现土卫六表面存在着山脉、沙丘、许多湖泊和火山。

◎神秘的土卫六全貌景象

土卫六有着厚密的大气层，其表面特征与地球十分接近。现已绘制出土卫六三分之一的表面。欧洲宇航局“卡西尼”探测器已绘制出土卫六表面的山脉、沙丘、许多湖泊和可能存在的火山。就如同地球一样，土卫六的气候能够侵蚀抹除陨石坑的痕迹。来自美国加州喷气推进实验室的行星地质学家罗莎丽－洛珀斯博士称，这真是令人感到非常惊奇！土卫六的表面非常近似于地球。事实上，土卫六是太阳系中与地球最相似的一颗星体，尽管两者存在着较大的温差和其他环境状况差异。

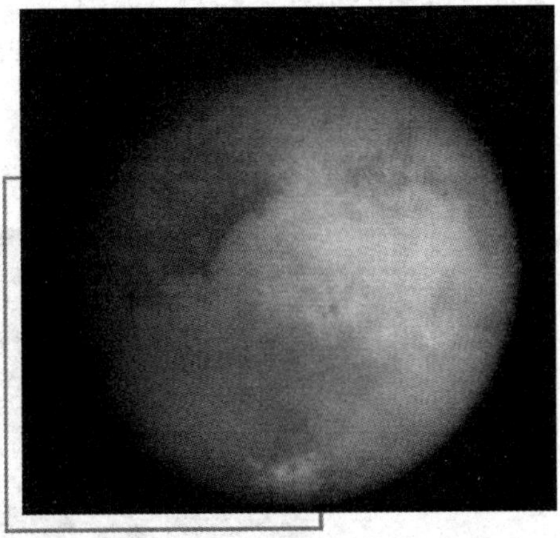

土卫六表面

土卫六是一个非常寒冷的世界，其表面平均温度为零下180摄氏度，在这里液态水无法存在，除非以深度冰冻、像岩石一样坚硬的冰块的形式存在。

甲烷和乙烷代替水成为土卫六循环系统的主要成分，以降雨或降雪的形式落到表面，并形成湖泊或排水通道。

> **拓展阅读**
>
> **甲　烷**
>
> 甲烷是最简单的有机物，也是含碳量最小（含氢量最大）的烃，是沼气、天然气、坑道气和油田气的主要成分。它可用作燃料及制造氢气、碳黑、一氧化碳、乙炔、氢氰酸及甲醛等物质的原料。化学符号为 CH_4。目前我国上海等地区天然气很大部分由新疆地区供应。

土卫六是太阳系内唯一一颗拥有厚密大气层的卫星，也是除地球之外唯一表面拥有稳定液态池塘的星体。美国宇航局“卡西尼”探测器在过去 5 年里主要负责分析研究土星及其卫星。

欧洲宇航局“惠更斯”探测器作为“母舰”于 2005 年就着陆在土卫六表面。目前，洛珀斯博士将这项最新研究发表在巴西里约热内卢市召开的国际天文学联盟会员大会上。在此次大会上，其他研究发现还证实土卫六表面存在着冰水证据和氨气火山。

卡西尼探测器最新红外观测图像显示该卫星表面存在着沉积氨气的火山。土卫六环境的化学特征非常接近于生命最初形成的早期地球。美国喷气推进实验室资深研究科学家罗伯特－纳尔逊博士称，通过这项最新研究，我们提

与地球相似的土卫六表面

出了一个令人兴奋的问题——是否土卫六的化学特征与早期地球生命起源时期的化学性质相近？或许土卫六表面存在着生命体。

拓展阅读

红外线的发现

红外线是太阳光线中众多不可见光线中的一种，由英国科学家霍胥尔于1800年发现，又称为红外热辐射，他将太阳光用三棱镜分解开，在各种不同颜色的色带位置上放置了温度计，试图测量各种颜色的光的加热效应。结果发现，位于红光外侧的那支温度计升温最快。因此得到结论：太阳光谱中，红光的外侧必定存在看不见的光线，这就是红外线。

化学武器揭秘

TANWEI GUANZHI DE
HUAXUE XIANXIANG

化学武器大规模使用始于第一次世界大战期间。使用的毒剂有氯气、光气、双光气、氯化苦、二苯氯胂、氢氰酸、芥子气等多达40余种，毒剂用量达12万吨，伤亡人数约130万，占战争伤亡总人数的4.6%。第二次世界大战期间在欧洲战场，交战双方都加强了化学战的准备，化学武器贮备达到了很大规模。各大国除加速生产和贮备原有毒剂及其弹药外，并加强了新毒剂的研制，从而带来了更多的伤亡。战后，化学武器是国际公约禁止使用的非常规武器。本章着重介绍了一些常见的和杀伤力极大的化学武器，可以让读者对其加深印象，了解化学武器对人类制造的灾难，从而更好地反对化学武器的研制和使用，为维护世界和平付出自己的努力。

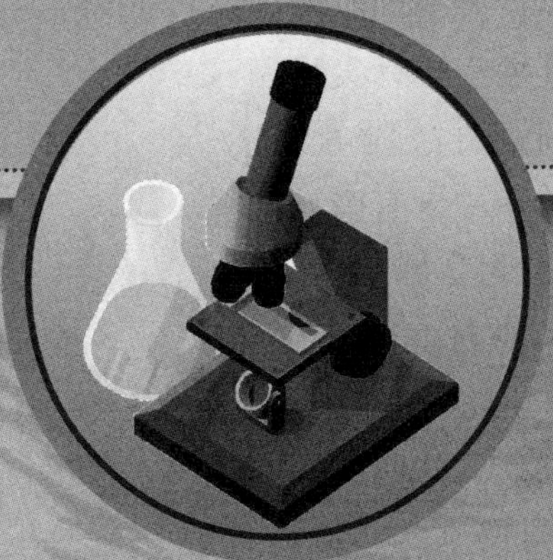

恐怖的化学武器

化学武器是一种成本低廉的大规模毁灭性武器，用化学武器进行作战称之为化学战。化学战很重要的一个特点就是只杀伤人员和生物，不破坏武器装备和建筑设施，因而对军事家有一种更大的魅力。

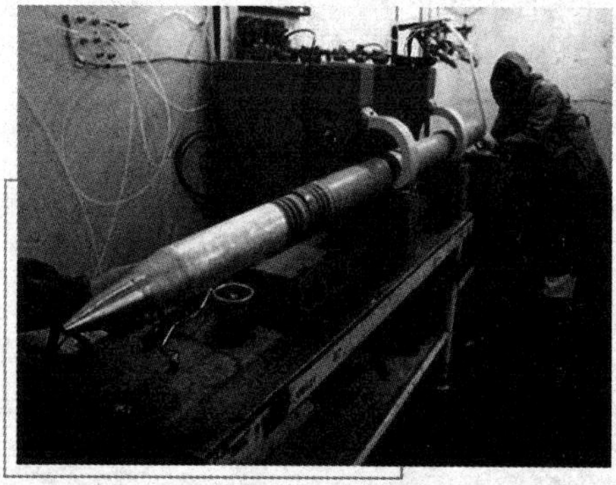

生产中的化学武器

自第一次世界大战起，第二次世界大战以及朝鲜、越南、中东、两伊、海湾等战争中，都有化学战的影子。目前化学武器空前发展，很多国家都企图拥有这一大规模毁灭性武器。

军用毒剂是化学武器的基本组成部分，按毒理作用分为 6 类：神经性毒剂、全身中毒性毒剂、窒息性毒剂、糜烂性毒剂、刺激性毒剂、失能性毒剂。

1. 神经性毒剂。这类毒剂具有极强的毒性，是目前装备的毒剂中毒性最大的一类，它是通过阻隔人体生命至关重要的酶来破坏人体神经系统正常功能而致人于死地的。人一旦吸入或沾染这类毒剂，就会中毒，并出现肌肉痉挛，全身抽搐，瞳孔缩小至针尖状等明显症状，直至最后死亡。当前，神经性毒剂主要是指分子中含有磷元素的一类毒剂，所以也叫含磷毒剂。这类毒剂主要包括沙林、梭曼、VX 等。

VX 毒剂化学分子结构

2. 全身中毒性毒剂。它也叫血液毒剂，是以破坏组织细胞氧化功能，引起全身组织缺氧为手段的毒剂，如氢氰酸、氯化氰等。能使人全身同时发生中毒现象，出现皮肤红肿，口舌麻木，头痛头晕，呼吸困难，瞳孔散大，四肢抽搐，中毒严重时可立即引起死亡。这类毒剂毒性很大，它能在15分钟内使人中毒致死，但在空气中消散得很快。

3. 窒息性毒剂。这是一类伤害肺，引起肺水肿的毒剂。人主要通过吸入而引起中毒，中毒者逐渐出现咳嗽，呼吸困难，皮肤从青紫发展到苍白，吐出粉红色泡沫样痰等症状，这类毒剂毒性较小，但中毒严重时仍可引起死亡，通常它在空气中滞留时间很短，属于这一类毒剂的有氯气、光气等。

知识小链接

氯气中毒

氯气中毒是在工作过程中，短时间内吸入较大量氯气所致的以急性呼吸系统损害为主的全身性疾病。氯气是黄绿色的刺激性气体，其比重为空气的2.5倍，会引起呼吸道的严重损伤，对眼睛黏膜和皮肤有高度刺激性。氯气在化学和塑料工业中得到广泛应用，造纸和纺织业用其作漂白剂，液态氯广泛用于日常生活消毒和清洁剂。

4. 糜烂性毒剂。它是通过呼吸道和外露皮肤侵入人体，破坏肌体组织细胞，使皮肤糜烂坏死的一类毒剂，包括芥子气和路易氏气。这类毒剂中毒后会出现皮肤红肿、起大泡、溃烂，一般不引起人员死亡，但当呼吸道中毒或皮肤大量吸收造成严重全身中毒时，也可引起死亡。

5. 刺激性毒剂。这类毒剂主要作用是刺激眼、鼻、咽喉和上呼吸道黏膜或皮肤，使人员强烈地流泪、咳嗽、打喷嚏及疼痛，从而失去正常反应能力。它可分为催泪性和喷嚏性两种，属于这类毒剂的主要有苯氯乙酮、亚当氏气、CS和CR等。刺激性毒剂是最早出现的一类毒剂，在战争中曾广泛使用，但由于毒性小，目前许多国家已不再将其列入毒剂类。它常用于特种部队的攻击行动，或装备警察部队用作抗暴剂。

6. 失能性毒剂。它也叫“心理化学武器”，是造成思维和行动功能障碍，使受袭者暂时失去战斗力的一类毒剂。它能使一个正常人在一定时间内神经失常或陷入昏睡状态。这种毒剂经常被用于特种部队的奇袭行动。散布时通常呈烟雾状，可立即生效，并且在短时间内失效，对人体不构成生理损伤，因此国外也称这为“人道武器”。其实它与武侠小说中的“蒙汗药”、“夜来香”一类的毒药相似。目前，这类毒剂中最主要的就是 BZ。除上述几类列装的毒剂外，还有植物杀伤剂。它是一类能造成植物脱叶、枯萎或生长反常而导致损伤和死亡的化合物。它包括除草剂、脱叶剂，在农业上则统称为除莠剂。在军事上的主要用途是使植被落叶枯萎，扫除视觉障碍，配合丛林反游击作战；或者袭击敌后方重要的农作物基地，造成该地农作物大面积减产或无收成，破坏其后勤供应等。美军在越南战争期间曾大量使用了植物杀伤剂。

鉴于化学武器的杀伤力强而且简单容易制造，毒气可呈气、烟、雾、液态使用，通过呼吸道吸入、皮肤渗透、误食染毒食品等多种途径使人员中毒。杀伤范围广，染毒空气无孔不入，所经过之处全部中毒，所以在 1997 年签订了《禁止化学武器公约》，《禁止化学武器公约》于 1997 年 4 月 29 日生效，其核心内容是在全球范围内尽早彻底销毁化学武器及其相关设施。公约规定所有缔约国应在 2012 年 4 月 29 日之前销毁其拥有的化学武器。迄今共有 183 个缔约国。为悼念化学战受害者并增强国际社会对化学武器危害的认识，禁止化学武器组织决定将每年的 4 月 29 日（《禁止化学武器公约》生效日）定为“化学战受害者纪念日”。曾经辉煌一时的杀人恶魔化学武器在各国的联合绞杀中终于寿终正寝。

“毒气之王”芥子气与它的弟兄们

随着新毒剂的不断出现并在战场上的大量使用，到了第一次世界大战中期，各式各样的防毒面具也逐渐产生和得以完善，防毒面具已足以防止通过呼吸道中毒的毒剂，这使得化学武器的战场使用效果大大降低，尽管各国仍在努力寻找能够穿透面具的新毒剂，但都是徒劳的。而此时，德军已悄悄地研制了一种全新的毒剂，作用方式由呼吸道转向了皮肤，并酝酿在适当时机使用，这就是被称为“毒气之王”的糜烂性毒剂——芥子气。

芥子气是英国化学家哥特雷在 1860 年发现的。1886 年德国化学家梅耶首先研制成功，并很快发现它具有很大的毒性。德国首先把它选为军用毒剂，并在芥子气炮弹上以黄十字作为标记，以后人们就把芥子气称为“黄十字毒剂”。直到今天，大家还习惯以黄十字来标志芥子气。芥子气学名为二氯二乙硫醚，纯品为无色油状液体，有大蒜或芥末味，沸点为219℃，在一般温度下不易分解、挥发，难溶于水，易溶于汽油、酒精等有机溶剂。它具有很强的渗透能力，皮肤接触芥子气液滴或气雾会引起红肿、起泡，以至溃烂，如果吸入芥子气蒸气或皮肤重度中毒亦会造成死亡，它的致死剂量为70～100毫克/千克。其中毒症状十分典型，可分五个发展阶段：

知识小链接

有机溶剂

有机溶剂是在生活和生产中广泛应用的一大类有机化合物，分子量不大，常温下呈液态。有机溶剂包括多类物质，如链烷烃、烯烃、醇、醛、胺、酯、醚、酮、芳香烃、氢化烃、萜烯烃、卤代烃、杂环化物、含氮化合物及含硫化合物等，多数对人体有一定毒性。它存在于涂料、粘合剂、漆和清洁剂中。经常使用的有机溶剂，有苯乙烯、全氯乙烯、三氯乙烯和乙烯乙二醇醚等。

（1）潜伏期：芥子气蒸气、雾或液滴沾染皮肤后，一般停留2～3分钟后即开始被吸收，20～30分钟内可以全部被吸收。这段时间内皮肤没有痛痒等感觉和局部变化，而此时已进入潜伏期。芥子气蒸气通过皮肤中毒，潜伏期为6～12小时；液滴通过皮肤中毒，潜伏期为2～6小时。

（2）红斑期：潜伏期过后，皮肤出现粉红色轻度浮肿（红斑），一般无疼痛感，但有瘙痒、灼热感。中毒较轻者，红斑会逐渐消失，留下褐色斑痕。中毒较重者，症状会继续发展。

（3）水泡期：中毒后约经18～24小时，红斑区周围首先出现许多珍珠状的小水泡，各小水泡逐渐融合成一个环状，再形成大水泡。水泡呈浅黄色，周围有红晕，并有胀痛感。

（4）溃疡期：如水泡较浅，中毒后3～5天水泡破裂；如水泡较深，中毒后六七天水泡破裂。水泡破裂后引起溃疡（糜烂）。溃疡面呈红色，易受细菌感染而化脓。

（5）愈合期：溃疡较浅时，愈合较快。溃疡较深时，愈合很慢，一般需

装芥子气的铁桶

要两三个月以上，愈合后形成伤疤，色素沉着。

第一次世界大战中，芥子气以其无以伦比的毒性，良好的战斗性能，为当时各类毒剂之首，所以有“毒剂之王”的说法。德国使用“黄十字”炮弹仅仅三个星期，其杀伤率就和往年所有毒剂炮弹所造成的杀伤率一般多。因此这种毒剂，到了第二次世界大战时，第一次世界大战曾经使用过的许多毒剂被淘汰，有的虽未被淘汰但已经降为次要毒剂，唯独芥子气，仍然以主要毒剂存在，直到今天还是如此。

“毒剂之王”芥子气虽然有较好的使用性能，然而也有致命的弱点，那就是中毒到出现症状有一个潜伏期，少则几个小时，多则一昼夜以上。芥子气的使用密度无论多大，染毒浓度不管多高，要使中毒人员立即丧失战斗力是不可能的。同时，芥子气的持续时间长，妨碍了自己对染毒地域的利用。另外，芥子气的凝固点很高，在严寒条件下就会凝固，呈针状结晶，而影响战斗使用。这样，芥子气的使用时机就受到了限制。

路易氏气曾经是作为克服芥子气的弱点而被选入的一个毒剂。它是1918年春由美国的路易氏上尉等人发现的。纯路易氏气为无色、无臭油状液体，工业品为褐色，并有天竺葵味和强烈的刺激味。其渗透性比芥子气更强，更容易被皮肤吸收，同时它还有较大的挥发性，很快就能达到战斗浓度。因此，它作用比芥子气要快得多，可使眼睛、皮肤感到疼痛，然后皮肤起泡糜烂，中毒严重的部位会坏死，并且吸收后引起全身中毒。美国在上世纪20年代，对路易氏气的作用曾作了过高的估计，以致在第二次世界大战一开始就盲目迅速建立路易氏气生产工厂，而没有开展其性能的评价工作。但事实上，路易氏气与芥子气相比，优点不多，缺点不少。路易氏气虽然作用快，但蒸气毒性不及芥子气，液滴对皮肤的伤害程度也比芥子气轻。对服装的穿透作用不及芥子气，遇水又极易分解。后来人们尝试着把路易氏气与芥子气混合起来使用，发现两种毒剂非但没有降低毒性，还可以相互取长补短，大大提高了中毒后的救治难度，同时还明显地降低了芥子气的凝固点。于是，路易氏气就成了芥子气形影不离的“好兄弟”。

知识小链接

天竺葵

天竺葵，别名洋绣球，原产南非，是多年生的草本花卉。叶掌状有长柄，叶缘多锯齿，叶面有较深的环状斑纹。花冠通常五瓣，花序伞状，长在挺直的花梗顶端。由于群花密集如球，故又有洋绣球之称。花色红、白、粉、紫变化很多。花期由初冬开始直至翌年夏初。盆栽宜作室内外装饰；也可作春季花坛用花。

“催泪大王”——苯氯乙酮

苯氯乙酮（CN）对眼睛有强烈的刺激作用，当它的蒸气浓度超过 0.5 毫克/立方米时，暴露不到一分钟即可引起怕光以及大量流泪，因而被称为“催泪大王”。如果毒气浓度更高或暴露时间更长，刺激范围即扩展到鼻子和上呼吸道，引起咳嗽、恶心和鼻涕眼泪一齐流的症状。当离开染毒区，症状又可迅速消除。

拓展阅读

催泪剂对人体有无害处

催泪剂是一种使进攻者暂时丧失战斗力的烟雾剂。内容物是高纯度辣椒提取素、芥末提取物等天然强刺激物质，可以对人的眼睛、面部皮肤、呼吸道造成强烈的如火烧般的刺激，双目无法睁开、喷嚏咳嗽不停，通常用于装备执法部门。它对人体没有大的危害。

苯氯乙酮纯品为无色晶体，有荷花香味。它具有强烈的催泪作用和良好的稳定性。不但能装于炮弹和手榴弹使用，而且可以装在发烟罐中使用，主要是通过发烟产生的热量将苯氯乙酮晶体气化与烟一起分散产生效果。把苯氯乙酮用作毒剂是美国人的发明。事实上，早在1871年，德国化学家卡尔·格雷伯就合成了这一化合物。但在第一次世界大战期间，德国人对刺激剂的兴趣主要集中在喷嚏剂方面，而对苯氯乙酮未做进一步的研究。那时，英国人也发明了苯氯乙酮，但认为沸点太高，不便使用，也未给予重视。美国参战后，于1917年建议对这一化合物进行研究，一年后进行了野外试验，并把这一化合物确定为毒剂。由于苯氯乙酮工业生产的工艺流程还没有成熟，当时未来得及生产，战争就结束了。战后，美国人对催泪剂方面有了新的兴趣。在20世纪20年代，美国化学兵对苯氯乙酮进行的研究比对其他任何毒剂都多。

第二次世界大战后，苯氯乙酮继续作为制式军用毒剂储存在许多国家的化学武器库中。美国在越南战争中曾多次使用过苯氯乙酮弹。由于苯氯乙酮特殊的物理和化学性质，特别是它能够和其他物质混合使用，至今仍不失其战术使用价值。

“速效喷嚏粉”——亚当氏剂

大家一定都领受过感冒时打喷嚏的那种难受劲，但是如果在战场上要是让你连续不断地打喷嚏那将会产生什么结果？毫无疑问，这仗肯定没法打。但是，大千世界无奇不有，化学家们通过人工方法就合成了那么一种能使人不停地打喷嚏的毒剂，这种毒剂就是亚当氏剂。亚当氏剂是美国伊利诺伊斯大学的罗杰·亚当氏少校领导的化学研究小组于1918年初发现的，亚当氏剂因而得名。英国也几乎同时发现了这种毒剂。亚当氏剂纯品是金黄色无嗅的结晶体，工业品为深绿色，它产生的毒烟为浅黄色。亚当氏剂不溶于水，微微溶于有机溶剂，在常温和加热条件下几乎不水解。具有很强的刺激效果，主要刺激鼻咽部，对皮肤也有轻微的刺激作用。在浓度为0.1毫克/立方米的空气中暴露1分钟，就明显感觉难以忍受，在10毫克/立方米的低浓度下，亚当氏剂即可引起上呼吸道、感官周围神经和眼睛的强烈刺激，如果浓度达到22毫克/立方米，暴露1分钟就会丧失战斗能力。如果浓度较高，或浓度虽低但作用时间较长时，则可刺激呼吸道深部。亚当氏剂起作用像感冒那样多开始于鼻腔，先是发痒，随后喷嚏不止，鼻涕涌流。然后，刺激向下扩展到咽喉。当气管和肺部受到侵害时，则发生咳嗽和窒息。头痛，特别是额部疼痛不断加剧，直到难以忍受。耳内有压迫感，且伴有上下颚及牙疼。同时还有胸部压痛、呼吸短促、头晕等。并很快导致恶心和呕吐。中毒者步态不稳、眩晕、腿部无力以及全身颤抖等。严重者可导致死亡。根据不同的染毒浓度，这些症状通常在暴露5～10分钟后才能出现，而中毒者即使戴上面具或离开毒区，在10～20分钟内，刺激症状仍可继续加剧，1～3小时后才可完全消失。

亚当氏剂中毒最令人无法忍受的是接连不断地打喷嚏，其结果使许多战斗动作无法完成，而且因为空气还没有吸入肺部就被迫喷出来，长时间地喷嚏还会使人呼吸困难，精疲力竭而丧失战斗力。特别是在戴上面具后继续喷嚏，由于打喷嚏前总要急速吸气而使呼吸阻力剧增，从而造成憋气，往往不得已脱去面具，从而造成更严重的中毒。因此，亚当氏剂配合毒性更大的通过呼吸道中毒的毒剂使用效果更佳。

在第一次世界大战以后，亚当氏剂及其类似物成了许多国家的科学家们广泛研究的课题。到第二次世界大战时，各国都生产了大量的亚当氏剂。至今它仍然储存在一些国家的化学武器库中。

“带水果香味的闪电杀手”——沙林

人们也许并不陌生，1995年的3月21日，在日本东京地铁站发生了一起轰动世界的毒气事件，造成5千多人中毒，其中11人死亡。事件发生后日本国内一片恐慌。警方全力侦查，证实为奥姆真理教所为，当即逮捕了真理教头目，并进行了公开审判，将真相公诸于世。恐怖分子使用的是什么毒剂能造成如此大的伤害呢？这就是“沙林”毒剂。它并非现代高科技的产物，早在40年前就有了。

沙林，学名甲氟膦酸异丙酯，国外代号为GB。它也是无色、易流动的液体，有微弱的水果香味。其爆炸稳定性大大优于塔崩，毒性比塔崩高3～4倍。由于它的沸点低，挥发度高，极易造成战场杀伤浓度，但持续时间短，属于暂时性毒剂。沙林主要通过呼吸道中毒，在浓度为0.2～2微克/升染毒空气中，暴露 5 分钟即可引起轻度中毒，产生瞳孔缩小、呼吸困难、出汗、流涎等症状，可丧失战斗力 4 ~ 5 天。作用 15 分钟以上即可致死。当浓度达到 5 ~ 10 微克/升，暴露 5 分钟即可引起中毒以至死亡。

知识小链接

奥姆真理教

奥姆真理教，是日本一个以佛教和瑜伽为主的新兴宗教教团，也是日本代表性的邪教团体。进行过松本沙林事件、坂本堤律师一家杀害事件与东京地铁沙林毒气事件等恐怖活动。创立于 1984 年，教主为麻原彰晃。1995 年，该组织在日本本土约有 9000 多名会员，在全球则有 40000 多人。至 2004 年，该组织的会员约有 1500 至 2000 人。

沙林也是由施拉德博士发现的。继发现塔崩以后，1939 年在德国军方为他提供的当时最先进的实验室里，他又开始了研究含有一个碳磷键（C – P）的含氟化合物，结果发现了比塔崩毒性更高的甲氟磷酸异丙酯。施拉德博士给它命名为“沙林”，这是以参加这种毒剂研制的 4 个关键人物名字的开头大写字母组合而成的。施拉德认为这一化合物作为军用毒剂的潜力非常之大，于是立即把它送往军械部化学战局进行鉴定，并很快开始了发展工作。但在组织这一毒剂的生产中遇到很大困难。原因是合成毒剂的最后一步总是避不开使用氢氟酸进行氟化，而进行氟化处理

拓展阅读

氢氟酸的操作注意事项

氢氟酸有毒，有腐蚀性，能强烈地腐蚀金属、玻璃和含硅的物体。如吸入蒸气或接触皮肤能形成较难愈合的溃疡。操作时应该注意：密闭操作，注意通风。操作尽可能机械化、自动化。操作人员必须经过专门培训，严格遵守操作规程。建议操作人员佩戴自吸过滤式防毒面具（全面罩），穿橡胶耐酸碱服，戴橡胶耐酸碱手套。防止蒸气泄漏到工作场所空气中。避免与碱类、活性金属粉末、玻璃制品接触。搬运时要轻装轻卸，防止包装及容器损坏。配备泄漏应急处理设备。倒空的容器可能残留有害物。

就必须解决腐蚀问题。因而在施道潘和蒙斯特的毒剂工厂都使用了石英和银一类的耐腐蚀材料。后来终于研究出了一个比较满意的结果，并于 1943 年 9 月在法尔肯哈根开始建立一座大规模生产厂。但在苏军向德国本土大举进攻时，该厂尚未建成投产。故到二战结束时，实际上只生产了少量的沙林。

令人头疼的“梭曼”

1944 年，德国诺贝尔奖金获得者理查德·库恩博士合成了类似于沙林的毒剂——梭曼。

梭曼，学名甲基氟磷酸特乙酯，代号 GD，它是一种无色无味的液体，具有中等挥发度。沸点为 167.7℃，凝固点为零下 80℃，因此，在夏季和冬季都能使用。其毒性比沙林约高两倍，中毒症状与沙林相同，但又有其独特性能。一是在战场上使用时，它既能以气雾状造成空气染毒，通过呼吸道及皮肤吸收，又能以液滴状渗透皮肤或造成地面染毒；二是易为服装所吸附，吸附满梭曼蒸气的衣服慢慢释放的毒气足以使人员中毒；三是梭曼中毒后难以治疗，一些治疗神经性毒剂如沙林中毒比较特效的药物，对梭曼基本无效。德国人在第二次世界大战期间，因合成梭曼所必需的一种叫吡呐醇的物质缺乏而未能生产。战后苏联对梭曼“情有独钟”，在其化学武器库中一种代号为 BP—55 的毒剂就是梭曼的一种胶黏配方。连美国的一些化学战专家也不得不承认，梭曼是苏联在化学武器方面所做的非常明智的选择。

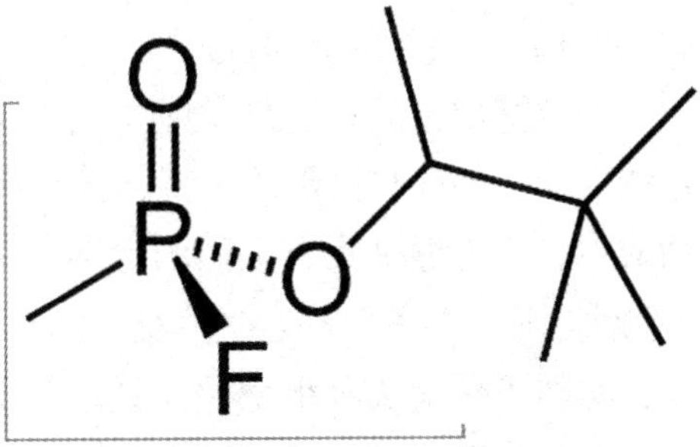

梭曼化学式

20 世纪 70 年代以来，美国曾花了很大的力量去寻找所谓的中等挥发性毒剂。但无数实验结果表明，最好的中等挥发性毒剂还是梭曼。讲了这些，答案也就出来了，希特勒所说的新武器其实就是塔崩、沙林和梭曼这三种神经性毒剂。神经性毒剂的出现，为毒魔家族增添了一支新的生力军，它以无以伦比的剧毒性和速杀性，毫无争议地取代了芥子气而荣登毒魔之王的宝座。同时其良好的理化性质，适用于各种战术场合和目的，很快成为了化学战的宠儿。而在它诞生的最初日子里，即二次世界大战中一直为纳粹德国所垄断，并成为希特勒的秘密武器。

新毒王“青出于蓝”，老毒物“青春焕发”

第二次世界大战期间，由于一直存在着化学战的威胁，交战双方各国都以巨额投资加紧了化学战准备，使化学武器的研制取得了突破性进展。

这一时期，军用毒剂的研究取得了突破性进展，主要表现在神经性毒剂的出现和一些老毒剂的改进。

施拉德博士的“意外发现”，使人类化学战上升到一个新的水平。神经性毒剂塔崩、沙林和梭曼的出现，大大提高了化学武器作为大规模杀伤性武器的威力。这类毒剂具有强烈的毒性、快速的杀伤作用，使过去最毒的光气和“毒剂之王”芥子气都望尘莫及。由于这类毒剂以很小的剂量就能达到致死浓度，实现了化学武器小型化，更适合于地面机动作战。同时这类毒剂在使用上也更为便利，它可以装填在各种弹药、器材中使用，能以爆炸法使用，也能以布洒使用，从而满足多种作战需求，使化学武器的用途更广。除了发现

知识小链接

化学武器

化学武器是以毒剂的毒害作用杀伤有生力量的各种武器、器材的总称，是一种大规模杀伤性武器。化学武器是在第一次世界大战期间逐步形成具有重要军事意义的制式武器的。使用的毒剂有氯气、光气、双光气、氯化苦、二苯氯胂、氢氰酸、芥子气等多达 40 余种，毒剂用量达 12 万吨，伤亡人数约 130 万，占战争伤亡总人数的 4.6%。

化学武器是国际公约禁止使用的非常规武器。我国一贯主张禁止使用大规模杀伤性武器，严格恪守国际公约，为维护世界和平作出了重大贡献。

新毒剂外，人们对一些老毒剂进行了改造，使它们重新焕发“青春”。特别是对氢氰酸的改造上，取得了很大成果。

氢氰酸是一种毒性较高的毒剂，对人的致死量为体重的百万分之一。它首先是由瑞典科学家谢勒于1782年在一种叫普鲁士蓝的染料中分离出来的，据说这位科学家后来因氢氰酸中毒而死。常温下，氢氰酸是一种易流动的无色液体，有比较明显的苦杏仁味。其沸点很低，极易挥发，20℃时约为沙林的69倍。因此，它是典型的暂时性毒剂。即使毒液滴在皮肤上，也不会中毒，因为它来不及渗入皮肤就早已蒸发掉了。氢氰酸与水互溶，也易溶于酒精、乙醚等有机溶剂中。在常温下，它水解很慢，能使水源染毒，如与碱作用可生成不易挥发的剧毒物质，如氰化钾、氰化钠。氢氰酸主要通过呼吸道吸入引起中毒。一经吸入，人体组织细胞就不能利用血液中运送来的氧气，正常氧化功能就会受到破坏，引起组织急性缺氧，最后窒息而死，与一氧化碳的中毒机理基本相似。人们称其为血液毒剂，亦称为全身中毒性毒剂。

广角镜

酒精中毒

酒精中毒俗称醉酒，酒精（乙醇）一次饮用大量的酒类饮料会对中枢神经系统产生先兴奋后抑制作用，重度中毒可使人呼吸、心跳抑制而死亡。酒精中毒是由遗传、身体状况、心理、环境和社会等诸多因素造成的，但就个体而言差异较大，遗传被认为是起关键作用的因素。

氢氰酸还有一个显著的特点，就是其分子小，蒸气压大，不易被多孔物质吸附，防毒面具的滤毒罐对氢氰酸的防护效能比其他毒剂要差，靠普通活性炭的吸附能力更差。因此，最初它是被用于对付防护面具而出现的。早在第一次世界大战期间，法国就曾大量使用过氢氰酸。当时是用钢瓶吹放的，毒剂云团没有到达袭击目标就被风吹散，后来利用火炮发射，爆炸后氢氰酸又会发生燃烧，未能造成野战致死浓度，因而袭击效果很差，使该种毒剂作用没有得到充分发挥。第二次世界大战期间，美国、日本、苏联都不断研究改进氢氰酸的使用技术。日本、美国采取增大毒剂装填量的方法，在大量毒剂蒸发时吸热，使染毒空气降温，既防止了毒剂燃烧，又提高了毒剂相对蒸气密度，以形成杀伤浓度。为此，日军采用了50千克氢氰酸炸弹，美军却认为炸弹的最佳装填量为500千克。而苏联则采取在炸药中混入50%氯化钾作为消焰剂的办法，解决了氢氰酸的燃烧问题。德国也曾用飞机布洒器进行超低空布洒氢氰酸的试验，形成了极高浓度的染毒空气，使当时的防毒面具无法防护。由于对使用方法的改进，许多国家又把氢氰酸列入装备毒剂。

此外，战争期间，美国重新对与氢氰酸同一类的氯化氰毒剂进行了全面检验鉴定，进一步证实其具有很强的穿透面具能力。同时对路易氏气重新评价，优化了芥子气的生产过程，并提出了采用胶黏剂及芥路混合使用的新方法。

新概念化学武器

所谓新概念化学武器，是区别于传统化学毒剂弹药而言的一种化学武器。这种新化学武器由于其弹药一般不会使对手伤亡，也不会污染环境，因此，不受1993年签署的军控条约《关于禁止发展、生产、储存和使用化学武器及销毁此种化学武器的公约》的约束。它是一种新型化学武器。这类新化学武器品种繁多，各有特色，亦各有神通，本文择要介绍几种。

◎特种反坦克化学物质

利用特异性能的化学物质，破坏坦克、战斗车辆的观瞄器材、电子设备、发动机以及操作人员的生理机能，使其丧失战斗力，如果说常规的反坦克武器是“以硬对硬”，那么这种化学物质反坦克武器就是以“软”制硬。其主要有：

反坦克泡沫橡胶　其主要是一些漂浮性好的泡沫材料，如聚苯乙烯、聚乙烯、聚氯乙烯、聚氨脂硬质闭孔泡沫材料。将它们制成炮弹、炸弹，由火炮或战车、飞机发射。爆炸后，迅速产生大量泡沫体，在空气中形成悬浮云团，并能持续一定时间。由于它们很容易被坦克或装甲车的发动机吸入，因而能导致发动机即刻熄火。若将其发射到敌方集群坦克的必经之路上，可形成一道泡沫体云墙，造成集群坦克阻滞不前，处于被动挨打境地。

拓展阅读

过氧化钙的应用

在环境保护方面，二氧化钙可以用于改善地表水质、处理重金属粒子废水和治理赤潮等；在农业种植方面，二氧化钙用于植物根系供氧、生化改良土壤土质、水稻种子包衣、作氧肥及生物复合肥等；在水产养殖方面可以作为释氧剂增加水中溶解氧、调节水的pH值、改良水质、消灭病原菌；在食品加工方面二氧化钙可用于食品、果蔬保鲜、饲料添加剂、面团改良、食品消毒等；在冶金工业上可以用于脱磷和贵重金属提取；在橡胶与化学工业中作天然橡胶硫化剂、聚硫橡胶硬化剂/封闭剂、不饱和聚酯树脂引发剂等。二氧化钙还可用于日化行业做牙齿清洁剂、家用消毒除臭剂等。此外，二氧化钙也可用于应急供氧、香烟制造和涂料工业等。

反坦克乙炔弹　该弹的弹体分为两部分：一部分装水，另一部分装碳化钙。弹体爆炸，水与碳化钙迅速产生大量乙炔并与空气混合，组成爆炸性混合物。这样的混合物碰到坦克等战车后，很容易被发动机吸入汽缸，在高压点火下造成猛烈爆炸，足以彻底摧毁发动机。一枚0.5千克左右的乙炔弹就能破坏阻滞一辆坦克的前进，而驾驶员和乘员一般不会发生危险，美国研制的这种弹药专门用来对付集群坦克。先将乙炔弹撒在敌人必经的路上，一旦敌人坦克或装甲车通过，即将其引爆。

◎反坦克黏胶剂

它由两种成分组成，装在两种炮弹或炸弹中，通过爆炸混合，产生不透光的初胶云雾团。胶雾随空气进入坦克发动机，在高温条件下瞬时固化，使汽缸活塞动作受阻，导致发动机熄火停车，从而失去机动能力。另外，当黏胶剂到达坦克的各个观察窗口时，能黏住瞄准镜和测距仪等光学仪器，直接干扰坦克乘员的视线，使驾驶员看不清道路，无法沿攻击方向前进；车长看不清战场情况变化，无法实施正确的指挥；射手无法瞄准射击，整个坦克丧失战斗力。

◎阻燃（窒息）弹，亦称吸氧武器

它以阻燃剂为主要破坏因素。近年来国外研制开发了一大批新型的战争使用的阻燃剂、材料，将其装弹。使用时，可用火炮发射，爆炸后可形成一定范围的阻燃剂烟云，也可像施放烟幕那样去向敌战车施放阻燃剂气溶胶云团。当这种云团被车辆发动机从进气口吸入后，发动机立刻熄火，人员吸入该气体也会因缺氧窒息而丧失战斗力，达到阻滞敌军行动之目的。近年来，这种弹药的研究取得了很大进展，甚至已为进入战场打下了基础。目前，美国正全力研制阻燃剂窒息反坦克弹，并认为该弹是对付集群坦克效果最佳的新概念武器。

知识小链接

阻燃剂

阻燃剂又称难燃剂、耐火剂或防火剂，为赋予易燃聚合物难燃性的功能性助剂。依应用方式分为添加型阻燃剂和反应型阻燃剂。根据组成，添加型阻燃剂主要包括无机阻燃剂、卤系阻燃剂（有机氯化物和有机溴化物）、磷系阻燃剂（赤磷、磷酸酯及卤代磷酸酯等）和氮系阻燃剂等。反应型阻燃剂多为含反应性官能团的有机卤和有机磷的单体。此外，具有抑烟作用的钼化合物、锡化合物和铁化合物等亦属阻燃剂的范畴。主要适用于有阻燃需求的塑料，延迟或防止塑料尤其是高分子类塑料的燃烧。使其点燃时间增长，点燃自熄，难以点燃。

◎超级腐蚀剂

其弹体内装有腐蚀性极强的化学药剂，有的是往道路上撒布的特殊结晶药粉，可使经过的车轴轮胎全部报废；有的是经过喷洒器喷到飞机机翼上，使其变脆，失去弹性而无法起飞。目前美国正在试验一种超级腐蚀性化合物。它附着在车辆等物质上，可以吃掉金属、橡胶和塑料等，不仅能毁掉坦克和汽车，还能破坏其他武器装备，甚至能使燃料变成毫无用途的凝固胶。

◎ 金属致脆液

它是用化学方法使金属或合金分子结构改变，从而使其强度大幅度降低。金属致脆液可侵蚀几乎所有金属，破坏飞机、舰船、车辆、桥梁建筑物等金属结构部件。金属致脆液通常是无色的，只需要少量的无法觉察的喷溅，即可使受溅体致脆。

◎ 泡沫喷射剂

用某种特殊的化学物质装入弹体，发射命中坦克后弹药破裂，化学装料与空气作用迅速产生大量的泡沫。铺天盖地而来的泡沫不但妨碍了驾驶员的视线，而且还能涌入发动机内部，使其熄火，从而达到致使敌方无法作战的目的。和平时期还可用来应付突发骚乱和对付暴乱人群。这种泡沫喷射剂喷射产生的大量泡沫，能迅速将暴动人群淹没，使他们浑身难受，从而失去活动能力。

◎ 特殊塑料球

"球"内装满聚苯乙烯颗粒，当用此种武器射击直升机，"球"体内便施放出数量极大、重量极轻的塑料小球，无数小球迅速将直升机包围。直升机发动机一旦被迫吸入或吸附了这些小球，灾难也就临头，发动机会因此而产生"喘震"，导致停车坠毁。也可用其攻击坦克或其他战车，同样可使其发动机熄火。

◎ 超级黏合胶

它是美国桑迪亚国家实验中心，专门为保护存放在仓库中的核弹头而设计的。假如恐怖分子侵入仓库，抢得一枚核弹头，为防止爆炸，工兵的最佳选择就是使用这类超级黏合剂。新研制的超级黏合剂有两种：一种是使用压力枪发射的黏合剂，它一接触空气立即变硬，当喷射到人身体上后，便立即把人凝固在里面，使之动弹不得。另一种黏合剂在发射出去后，便像雪崩一样埋住对方，使其看不见东西。听不见声音而无法活动，但仍可以呼吸保住性命。这两种黏合剂都可用扛在肩上的喷射器或压力枪喷射。美国国家警察部队对这两种超级黏合剂特别感兴趣。根据其性能，这类超级黏合剂在未来战场上也将有用武之地。

◎ 生化子弹

它是菲律宾的研究人员，用从当地一种野生植物的果实中提炼出的化学物质制成的。人被这种子弹射中后不会受伤，更不会致死，子弹却能使其全身产生一种难以忍受的奇痒，从而失去抵抗能力。据称菲律宾警察已经开始使用这种生化子弹维护社会治安。由于研制该子弹成本不高，而且使用效果好，已经引起了许多国家的兴趣，可以想见，这种子弹可能在未来的战场上也会出现它的身影。

◎ 致热枪

子弹内装有化学药剂，只要击破皮肤，便使人体温度迅速上升“病倒”，失去活动能力，过一段时间药性自行消失，人体恢复正常。类似这类所谓的“文明枪弹”还有麻醉枪弹、催泪警棍等。

二元化学武器

二元化学武器是一种新型化学武器。它是将两种以上可以生成毒剂的无毒或低毒的化学物质——毒剂前体，分别装在弹体中由隔膜隔开的容器内，

二元化学武器

在投射过程中隔膜破裂，化学物质靠弹体旋转或搅拌装置的作用相互混合，迅速发生化学反应，生成毒剂。二元化学武器在生产、装填、储存和运输等方面均较安全，能减少管理费用，避免渗漏危险和销毁处理的麻烦，毒剂前体可由民用工厂生产。但二元化学武器弹体结构复杂，化学反应不完全，相对降低了化学弹药的威力。20 世纪 60 年代以来，有些国家已研制了沙林、维埃克斯等神经性毒剂的二元化学炮弹、航空炸弹等。

研制二元化学弹药早在第二次世界大战前就已提出。美军研制的二元化学弹药有沙林二元弹和 VX 二元弹。

从军事观点看，二元化学武器系统与一元化学武器相比并无优越性。这是因为二元弹的复杂结构会占据弹体部分空间，使毒剂的装填相应减少。另外，炮弹到达目标时毒剂的生成率仅达 70% ~80%，故二元弹的有效质量低，由此产生的杀伤范围小。不过二元弹的优点是能排除毒剂生产、弹药装填、运输及储存中的危险，且销毁方法简单（生产或销毁一元化学弹药的工作艰巨复杂）。还有，引入二元系统后，化学武器将进入一个新的阶段。敌人可利用二元技术掩盖自己的企图，对此，不能不引起我们的注意。

知识小链接

航空炸弹

从航空器上投掷的一种爆炸性弹药。俗称炸弹。按用途可分为三类：直接摧毁或杀伤目标的主用炸弹，包括爆破炸弹、杀伤炸弹、燃烧炸弹、穿甲炸弹和核炸弹等；在轰炸和航行过程中起辅助作用的辅助炸弹，如照明炸弹、标志炸弹等；用来完成特定任务的特种炸弹，如发烟炸弹、照相炸弹、宣传炸弹和训练炸弹等。